Matthieu Martin

Dispositifs opto-électroniques térahertz excités à 1550 nm

Matthieu Martin

Dispositifs opto-électroniques térahertz excités à 1550 nm

Presses Académiques Francophones

Impressum / Mentions légales

Bibliografische Information der Deutschen Nationalbibliothek: Die Deutsche Nationalbibliothek verzeichnet diese Publikation in der Deutschen Nationalbibliografie; detaillierte bibliografische Daten sind im Internet über http://dnb.d-nb.de abrufbar.

Alle in diesem Buch genannten Marken und Produktnamen unterliegen warenzeichen-, marken- oder patentrechtlichem Schutz bzw. sind Warenzeichen oder eingetragene Warenzeichen der jeweiligen Inhaber. Die Wiedergabe von Marken, Produktnamen, Gebrauchsnamen, Handelsnamen, Warenbezeichnungen u.s.w. in diesem Werk berechtigt auch ohne besondere Kennzeichnung nicht zu der Annahme, dass solche Namen im Sinne der Warenzeichen- und Markenschutzgesetzgebung als frei zu betrachten wären und daher von jedermann benutzt werden dürften.

Information bibliographique publiée par la Deutsche Nationalbibliothek: La Deutsche Nationalbibliothek inscrit cette publication à la Deutsche Nationalbibliografie; des données bibliographiques détaillées sont disponibles sur internet à l'adresse http://dnb.d-nb.de.

Toutes marques et noms de produits mentionnés dans ce livre demeurent sous la protection des marques, des marques déposées et des brevets, et sont des marques ou des marques déposées de leurs détenteurs respectifs. L'utilisation des marques, noms de produits, noms communs, noms commerciaux, descriptions de produits, etc, même sans qu'ils soient mentionnés de façon particulière dans ce livre ne signifie en aucune façon que ces noms peuvent être utilisés sans restriction à l'égard de la législation pour la protection des marques et des marques déposées et pourraient donc être utilisés par quiconque.

Coverbild / Photo de couverture: www.ingimage.com

Verlag / Editeur:
Presses Académiques Francophones
ist ein Imprint der / est une marque déposée de
OmniScriptum GmbH & Co. KG
Heinrich-Böcking-Str. 6-8, 66121 Saarbrücken, Deutschland / Allemagne
Email: info@presses-academiques.com

Herstellung: siehe letzte Seite /
Impression: voir la dernière page
ISBN: 978-3-8416-2603-5

Copyright / Droit d'auteur © 2013 OmniScriptum GmbH & Co. KG
Alle Rechte vorbehalten. / Tous droits réservés. Saarbrücken 2013

Remerciements

Ce travail de thèse a été effectué à l'Institut d'Electronique Fondamentale (IEF), Université Paris Sud. Je tiens à remercier Jean-Michel LOURTIOZ puis Claude CHAPPERT, pour m'avoir accueilli au sein de leur laboratoire. Je remercie Philippe BOUCAUD, directeur de recherche au CNRS, pour m'avoir accueilli dans le département NAnophotonique et ELectronique ultra-rapide (NAEL).

Je veux remercier tout particulièrement Juliette MANGENEY, chargée de recherche et responsable de l'opération Optoélectronique Térahertz (OptoTéra) pour avoir dirigé et encadré cette thèse. Merci pour ses compétences scientifiques, son dynamisme et sa disponibilité qui m'ont permis de mener à bien ces travaux. Qu'elle sache toute ma reconnaissance et ma gratitude.

Je suis très reconnaissant à Jean-Louis COUTAZ, professeur au IMEP-LAHC, de me faire l'honneur de présider cette commission d'examen. Je tiens à remercier sincèrement Jean-François LAMPIN, chercheur à l'IEMN, et Lionel DUVILLARET, professeur au IMEP-LAHC, qui ont accepté d'être les rapporteurs de cette thèse. Je remercie également Paul CROZAT, professeur à l'IEF, pour ses idées, son expertise et ses discussions. Je le remercie également, ainsi que Patrick MOUNAIX, chargé de recherche au CPMOH, d'être examinateurs de cette thèse. Merci également à Daniel DOLFI, ingénieur à Thales Research and Technology, pour avoir accepté de faire partie du jury.

La première partie de ces travaux de thèse est le fruit d'une étroite collaboration entre l'IEF et le Laboratoire de Photonique et de Nanostructures de Marcoussis. Je remercie Jean-Christophe HARMAND, Christophe MINOT, Laurent TRAVERS et Elizabeth GALOPIN du LPN pour la réalisation et l'étude des échantillons utilisés dans cette thèse.

De nombreuses personnes à l'IEF, m'ont permis de mener à bien ces travaux, grâce à leur expérience, leur suivi et leur dynamisme : merci donc à Raffaele COLOMBELLI, Jean-Luc PEROSSIER, Véronique MATHET, Yannick CHASSAGNEUX et Jean-René COUDEVYLLE.

Un remerciement sincère à tous les membres du département NAEL et plus particulièrement ceux de l'opération OptoTéra pour les échanges scientifiques que j'ai pu avoir ou pour les soirées que j'ai pu passer. Citons tout de même Djamal, Thibault, Hani, Eric (x2), Malo, Polo et Guy. Merci également aux membres du département CMO avec lesquelles j'ai pu interagir : Nicolas, Gilles, Etienne, Alex, Fulvio, Vincent, Arnaud et Delphine.

Table des matières

1 Introduction générale et contexte de l'étude   1

2 Etude d'un matériau semiconducteur photoconducteur candidat pour la génération/détection THz à partir d'impulsions optiques femtosecondes à la longueur d'onde de 1,55 µm   9

     2.1 Réduction du temps de vie des porteurs dans l'$In_{0,53}Ga_{0,47}As$ 13

         2.1.1 Les matériaux massifs 13

         2.1.2 Les super-réseaux 16

     2.2 Notre approche : un super-réseau d'$In_{0,509}Ga_{0,491}As/In_{0,509}Ga_{0,491}As_{1-x}N_x$ 19

         2.2.1 Description des échantillons 20

         2.2.2 Mesures de la dynamique des porteurs 24

         2.2.3 Caractéristiques électriques 37

     2.3 Conclusion 41

3 Génération et détection de rayonnement impulsionnel THz   42

     3.1 Les systèmes de spectroscopie THz dans le domaine temporel utilisant des impulsions optiques femtosecondes dont la longueur d'onde centrale est λ=1550 nm 46

     3.2 Réalisation et optimisation d'un banc de spectroscopie THz dans le domaine temporel utilisant des faisceaux optiques à la longueur d'onde λ=1550 nm 53

         3.2.1 Génération et détection de rayonnement électromagnétique impulsionnel THz avec des antennes photoconductrices 54

         3.2.2 Génération de rayonnement électromagnétique impulsionnel THz avec une antenne photoconductrice et une détection électro-optique 58

             3.2.2.1 Banc expérimental avec la sonde à 800 nm 60

             3.2.2.2 Banc expérimental avec le faisceau optique de sonde à longueur d'onde de 1550 nm 63

Table des matières

  3.3 Conclusion 78

4 Transposition d'une modulation GHz sur une porteuse THz   **80**

  4.1 Les photomélangeurs à base d'$In_{0,53}Ga_{0,47}As$ irradié par des ions 83

  4.2 Réalisation d'une modulation GHz sur une porteuse THz 87

    4.2.1 Banc expérimental 87

    4.2.2 Résultats expérimentaux 88

  4.3 Améliorations et optimisations 94

  4.4 Conclusion 96

5 Conclusion générale   **97**

6 Références bibliographiques   **99**

1 Introduction générale et contexte de l'étude

Le domaine térahertz (THz) correspond à un rayonnement électromagnétique arbitrairement et usuellement défini comme comprenant les fréquences situées entre 100 GHz (3 mm) et 10 THz (30 μm). C'est-à-dire que les photons du domaine THz possèdent des énergies comprises entre 0,42 et 41,5 meV. Cette plage de fréquences du spectre électromagnétique a suscité un vif intérêt dès les années 1920 [80]. Cependant, elle est longtemps restée difficilement accessible par manque de sources et de détecteurs efficaces et compacts. Le domaine THz marque la frontière entre le domaine de l'infrarouge et celui des micro-ondes. Ainsi, il profite des techniques bien maitrisées de ces deux domaines voisins. Cependant, les sources, qu'elles soient optiques ou électriques voient leur efficacité chuter fortement quand les fréquences se rapprochent du domaine THz. Aujourd'hui, il n'existe pas de source THz qui soit à la fois compacte, efficace et puissante.

Néanmoins, la position du rayonnement THz lui permet de profiter de diverses techniques des domaines voisins. Ainsi les méthodes de mise en forme des faisceaux optiques et infra-rouge, basées sur l'utilisation de composants dioptriques (lentilles) ou catadioptriques (miroirs) sont employés dans le domaine THz. Dans ce cas, les faisceaux sont mis en forme par des techniques quasi-optiques. Les fréquences THz bénéficient aussi des technologies des micro-ondes, ainsi les ondes THz peuvent être conduites par des lignes de propagation hyperfréquences (lignes coplanaires, à fentes...).

Au cours des vingt dernières années, et notamment grâce à l'avènement des lasers impulsionnels, de nombreuses recherches ont conduit à la réalisation de sources et de détecteurs. Ces avancées ont permis d'exploiter le rayonnement électromagnétique THz pour de nombreuses applications. Les applications principales sont la spectroscopie THz et l'imagerie THz. Dans ce manuscrit, nous ne nous intéresserons plus particulièrement qu'à la spectroscopie THz.

La spectroscopie THz

Il est possible de classer les systèmes de spectrocopie THz en deux ensembles selon leur type de détection : cohérente ou incohérente. La spectroscopie THz dans le domaine temporel (Time Domain

Chapitre 1. Introduction générale et contexte de l'étude

Spectroscopie - TDS) est un outil très puissant pour étudier la réponse de la matière dans la gamme de fréquences THz. Le principe de la spectrocopie THz consiste à envoyer un rayonnement continu ou impulsionnel sur un échantillon et à recueillir le signal après propagation à travers le matériau (spectroscopie par transmission) ou après reflexion sur ledit matériau (spectroscopie par réflexion). La seconde solution peut être préférée lorsque par exemple, l'échantillon à analyser est très absorbant ou réfléchissant dans la gamme THz. La technique exploitée par les systèmes de spectroscopie THz dans le domaine temporel consiste en une mesure cohérente par échantillonage, ce qui la rend insensible au bruit thermique environnant. En combinant une mesure faite sans échantillon à une mesure avec échantillon, il est possible de remonter aux propriétés diélectriques complexes du matériau analysé. Dans le cas d'un rayonnement impulsionnel, une transformée de Fourier du rayonnement détecté en une seule mesure permet de faire une analyse fréquencielle des constantes diélectriques du matériau analysé sur une plage importante de fréquences. En revanche, dans le cas d'un rayonnement continu, la tâche est un peu plus fastidieuse puisqu'elle oblige à balayer toutes les fréquences, une à une. Une autre différence importante selon la nature du rayonnement THz mis en jeu dans le système de spectroscopie concerne la résolution fréquentielle. En effet, l'utilisation d'un rayonnement impulsionnel permet une résolution fréquentielle de l'ordre du GHz alors que l'utilisation d'un rayonnement continu permet une résolution fréquentielle de seulement quelques kHz.

La spectrosopie THz dans le domaine temporel consiste à mesurer le profil temporel du rayonnement THz et donne donc accès directement à l'amplitude du champ électrique ainsi qu'à la phase. La spectroscopie THz dans le domaine temporel présente des interêts par rapport à la spectroscopie infrarouge à transformée de Fourier (Fourier Transform InfraRed spectroscopy - FTIR spectroscopy). L'avantage majeur de la TDS sur la spectroscopie FTIR est que le signal détecté possède un nettement meilleur rapport signal sur bruit [114]. En effet, il a été démontré que ce dernier est meilleur dans la gamme de fréquences s'étendant de 10 GHz à 4 THz (10^4 comparé à 300) [40]. Parmi les autres avantages notables de la spectroscopie THz dans le domaine temporel, citons le fait que la nature cohérente du détecteur THz réduit considérablement la puissance minimale détectable [40] et qu'une meilleure résolution est possible avec la TDS.

Le développement de la spectroscopie THz telle que nous la connaissons aujourd'hui est devenue possible grâce à la combinaison des lasers femtosecondes, de nouveaux matériaux photoconducteurs ultra-rapides et à l'apparition de matériaux electro-optiques. Nous citerons les travaux d'Auston et al. [2] qui se sont focalisés sur la génération d'impulsions électromagnétiques sub-picoseconde dans les semi-conducteurs et qui sont les premiers exemples de l'association des impulsions optiques femtosecondes et des matériaux photoconducteurs ultra-rapides. La réelle avancée qui a permis l'utilisation d'impulsions THz dans la spectroscopie a été l'introduction de lentilles permettant de diriger le faisceau dans une direction donnée puis l'usage d'optiques pour collimater les faisceaux THz. Un peu plus tard, les travaux de Grischkowsky ont présentés la prémière réalisation d'un spectromètre THz [36]. La spectroscopie dans le domaine temporel connaît aujourd'hui un déploiement important d'une part pour des études fondamentales de l'intéraction matière-rayonnement mais également pour des études appliquées décrites par la suite.

Une métrologie importante qui a émergée des systèmes de spectroscopie THz dans le domaine temporel est la technique de pompe optique-sonde THz. Grâce à cette technique, il est possible non seulement de caractériser les propriétés électriques d'un matériau dans son état d'équilibre, mais également de sonder les états transitoires de ses propriétés diélectriques. Cette technique étant sans conctact, elle reste très peu perturbatrice. Cette méthode qui se rapproche grandement dans le principe de la technique pompe-sonde optique classique permet d'obtenir de riches informations sur la dynamique ultra-rapide des matériaux notamment : retour à l'équilibre des porteurs dans les matériaux semi-conducteurs, thermalisation intrabande des porteurs par émission de phonons optiques... Cette technique est basée sur l'utilisation de deux impulsions électromagnétiques dont la première dite de pompe est optique et a pour but de faire passer le matériau d'un état d'équilibre à un état excité par une excitation des porteurs libres dans l'échantillon. La seconde impulsion, dite de sonde, est THz et de plus faible puissance, vient sonder l'évolution dans le temps de cet état hors équilibre. En décalant dans le temps l'arrivée de l'impulsion THz de sonde par rapport à l'impulsion optique de pompe, on accède aux propriétés diélectriques du matériau résolues en temps.

Les exemples d'applications en métrologie de la spectroscopie THz sont très nombreuses car les ondes THz pénètrent là où les ondes optiques sont stoppées. Cette gamme de fréquences traverse les parois de certains matériaux (brique, béton, textile, papier...), par conséquent il devient possible de « voir » derrière une surface opaque. De plus, l'analyse THz est une analyse sans contact, ce qui évite toute intrusion ou modification de l'objet analysé. C'est grâce à ces propriétés que les ondes THz présentent un enjeu dans beaucoup de domaines : industrie, sécurité/défense, biologie et biomédical, astronomie et sciences environnementales. Citons un exemple dans le secteur de l'industrie. L'apport du THz se fait à deux niveaux : dans le contrôle qualité et dans la maintenance préventive. En effet, la spectroscopie THz se positionne avantageusement par rapport aux systèmes optiques : les ondes THz permettent de contrôler l'intégrité ou le positionnement d'un objet ou d'un circuit placé derrière une

Chapitre 1. Introduction générale et contexte de l'étude

surface opaque. Les ondes THz ne peuvent cependant pas traverser les boîtiers métalliques, toutefois la tendance à employer des boîtiers céramiques ou plastiques, redonne un avantage certain aux ondes THz. Il devient alors possible de détecter des circuits éléctroniques, des pistes métalliques ou même l'intérieur des puces. Dans le domaine de la sécurité, là où les rayons X et infra-rouges n'apportent pas une réponse satisfaisante, le THz s'est taillé une place de choix dans le domaine grâce à sa nature à pouvoir traverser certains matériaux et donc permettre de "voir" à travers. Deux approches existent pour la détection : l'approche passive et l'approche active. La première consiste à mesurer un contraste de température ou d'émissivité entre l'objet à détecter et son environnement. Cette méthode nécessite une matrice de détecteurs très sensibles. La seconde approche consiste à éclairer la scène à imager avec une ou des sources de rayonnement et une matrice de détecteurs sert à étudier le contraste entre la réflexion sur l'objet à détecter et la réflexion sur le corps de la personne. Les biotechnologies vont être profondément impactées par le développement des systèmes de spectroscopie THz dans le domaine temporel. En effet, les applications potentielles sont énormes : imagerie médicale, diagnostique médical, suivi de santé, contrôle environnemental, identification chimique et biologique. Par exemple, les rayons THz présentent de nombreux avantages facent aux rayons X, un étant que les photons ont une faible énergie (par exemple, 4 meV à 1 THz) et ne sont donc pas nocifs pour les tissus biologiques soumis à ces radiations [102]. Dans le domaine de l'astronomie, citons comme exemple que 98 % des photons émis depuis le Big Bang se situent dans le domaine de l'infrarouge lointain, dont la majorité provient de l'émission de poussières interstellaires froides ; les longueurs d'ondes submillimétriques sont peu sensibles à la diffraction ou à la diffusion par les poussières. Cette dernière propriété est propice à l'étude des atmosphères planétaires ou des queues de comètes souvent constituées de particules [101] car il est alors possible de les détecter, même à travers les différentes couches de l'atmosphère depuis la terre ou après une longue distance de parcours dans l'espace.

Sources et détecteurs utilisés en spectroscopie THz impulsionnelle

Bien évidemment, pour réaliser des systèmes de spectroscopies THz dans le domaine temporel performants, il est nécessaire de disposer d'émetteurs efficaces et de détecteurs sensibles dans cette gamme de fréquences. Les moyens de génération et de détection des ondes électromagnétiques THz continues ou impulsionnelles de manière cohérente sont aujourd'hui assez nombreuses. Pour la génération d'impulsions THz, les deux solutions les plus utilisées sont la génération par redressement optique et la génération à l'aide d'une antenne photoconductrice.

Le principe du redressement optique est connu depuis les années 1960 et consiste en la génération d'une impulsion électrique qui est l'enveloppe de l'impulsion optique ultra-rapide qui excite un matériau aux propriétés électro-optiques. La première démonstration expérimentale a été réalisée en 1962 avec un cristal de KDP [4]. Un rayonnement en dessous du GHz a été obtenu avec des impulsions lasers de 0,1 µs. Ce n'est qu'en 1992 que X.-C. Xhang et al. [123] ont généré des impulsions THz grâce à un laser femtoseconde par redressement optique de l'impulsion laser. Cette technique nécessite un réglage optique fin en particulier pour l'accord de phase entre le signal optique de pompe et le signal THz généré. De plus, la relativement faible efficacité du processus de la génération de rayonnement THz par redressement optique nécessite d'avoir recours à un laser impulsionnel de puissance crête très élevée.

La génération d'impulsions THz à partir d'une antenne photoconductrice est basée sur l'utilisation d'un matériau photoconducteur sur lequel une paire d'électrodes est déposée. Le principe de fonctionnement des antennes photoconductrices pour la génération d'impulsions THz est décrit dans le chapitre suivant. Historiquement, les premières impulsions THz générées par des antennes photoconductrices ont été réalisées par Auston et al. en 1984 [2], date d'apparition des premiers lasers impulsionnels femtosecondes. Le design des électrodes qui constituent l'antenne utilisé était alors un dipôle de Hertz. Ce design d'antenne a d'ailleurs été appelé photocommutateur d'Auston en référence à son inventeur. Le matériau utilisé était alors du silicium sur saphir. Aujourd'hui le matériau le plus utilisé est le GaAs épitaxié à basse température de croissance (GaAs-BT), matériau qui possède une énergie de bande interdite de 1,43 eV à 300 K. Cette énergie implique une excitation optique à l'aide d'impulsions lasers dont la longueur d'onde est d'au plus de 870 nm. La génération d'impulsions THz avec des antennes photoconductrices à base de GaAs-BT requiert l'usage de lasers solides de type Ti:Saphir. Ces lasers sont chers, encombrants et nécessitent une maintenance régulière. Ces inconvénients ne sont pas négligeables lorsqu'il s'agit de passer à un système clef en main, portable ou industriel. Dans ce contexte, il s'avère très prometteur d'exciter les antennes photoconductrices avec des impulsions optiques dont la longueur d'onde centrale est 1,55 µm. En effet, les lasers femtosecondes existant à cette longueur d'onde sont des lasers à fibre dopée Erbium qui ont l'avantage d'être très peu encombrants, stables et simples d'utilisation. De plus, l'usage de cette longueur d'onde permet d'accéder à la technologie fibrée qui ouvre la perspective de développer des systèmes portables très stables. En outre, pour une puissance thermique dissipée dans la structure photoconductrice due à la puissance optique absorbée équivalente, une excitation optique à la longueur d'onde de 1,55 µm fournit 80 % de photons en plus qu'une excitation optique à la longueur d'onde de 800 nm. Autrement dit, à puissance thermique dissipée équivalente, la concentration de porteurs photocréés et qui participe à la génération de rayonnement THz est presque deux fois plus importante avec une excitation à la longueur d'onde de 1,55 µm qu'à

Chapitre 1. Introduction générale et contexte de l'étude

0,8 µm.

Pour la détection cohérente d'impulsions THz, deux approches sont principalement utilisées. Une première consiste à utiliser une antenne photoconductrice, dual de l'antenne d'emission et la seconde consiste à utiliser un cristal électro-optique. L'antenne photoconductrice a été utilisée historiquement en premier comme système de détection car elle est la plus naturelle à mettre en place. L'antenne utilisée est alors exactement la même que celle d'émission et le principe, décrit dans le chapitre suivant est assez proche.

La seconde approche consiste à utiliser l'effet Pockels qui se produit dans un cristal électro-optique soumis à un champ électrique. Un cristal électro-optique subit une variation de ses indices de réfraction proportionnellement au champ électromagnétique dans lequel il baigne. En l'absence de champ électrique, le cristal possède une biréfringence naturelle connue. Lorsqu'un champ est appliqué, une biréfringence additionnelle se superpose à la biréfringence naturelle du matériau. On peut alors, grâce à un faisceau optique dont on connaît la polarisation incidente, venir sonder cette modification des indices, ce qui va se traduire par une modification de la polarisation du faisceau optique. La modification de la polarisation du faisceau optique de sonde est proportionelle à la modification des indices du cristal, elle même proportionnelle au champ électrique. Cette solution présente l'avantage d'avoir une réponse quasiment instantanée par rapport aux antennes photoconductrices.

Notons que l'effet Franz-Keldysh peut aussi être utilisé pour échantillonner un champ électrique variant très rapidement. Cet effet repose sur une modification du spectre d'absorption du semi-conducteur en présence d'un champ électrique.

La spectroscopie THz dans le domaine temporel

La majorité des systèmes de spectrocopie THz dans le domaine temporel mettent en jeu des impulsions optiques femtosecondes dont la longueur d'onde centrale est 800 nm afin d'exciter des antennes photoconductrices à base de GaAs-BT, utilisées pour la génération d'impulsions THz ; la détection étant soit réalisée avec une antenne photoconductrice ou un cristal de ZnTe qui présente de très bonnes caractéristiques à la longueur d'onde de λ=800 nm. Les systèmes de spectroscopie THz dans le domaine temporel les plus performants présentent une bande de fréquence détectée de plusieurs dizaines de THz avec un rapport signal sur bruit de plus de 50 dB. Ces systèmes utilisant des lasers solides Ti:Sa chers et encombrants.

Dans ce contexte, l'utilisation de lasers à fibre dopée Erbium s'avère intéressante. Ces lasers sont stables, compacts et simples d'utilisation. L'idée d'utiliser un matériau photoconducteur excité par des impulsions optiques femtosecondes dont la longueur d'onde centrale est λ=1,55 µm est ainsi pertinente. Cependant, il existe une réelle difficulté à trouver un matériau ayant des propriétés optiques et électriques aussi bonnes que celles du GaAs-BT. De même, il est difficile d'exploiter des cristaux électro-optiques dont les caractéristiques sont bien adaptées à une excitation optique aux longueurs d'ondes télécoms.

C'est dans ce contexte qu'une première partie de mes travaux de thèse a consisté en l'étude d'un matériau photoconducteur absorbant des impulsions optiques femtosecondes dont la longueur d'onde centrale est λ=1550 nm. Ce matériau doit présenter un temps de vie des électrons court, une mobilité élevée et une résistivité d'obscurité importante.

Dans ce même contexte, une seconde partie de mes travaux de thèse a consisté à répondre à la problématique posée par l'utilisation de cristaux électro-optiques pour la détection d'impulsion THz dans le cadre d'une application de spectroscopie THz utilisant des impulsions optiques femtosecondes dont la longueur d'onde centrale est λ=1550 nm.

Les fréquences THz pour des applications télécoms

Une application du rayonnement THz qui commence à émerger concerne les systèmes de télécommunications. Il s'agit plus particulièrement d'exploiter les ondes THz pour les systèmes de transmissions sans fil. La problématique est d'accompagner la demande grandissante de débits pour des échanges d'informations de courte portée, assurés à l'heure actuelle par les technologies Bluetooth et WIFI. Leur saturation pourrait se produire à terme si tous les appareils sont interconnectés, de l'ordinateur multimédia multifonctions au lave-linge en passant par les applications de domotique. A l'heure du « tout sans fil », les technologies existantes - UMTS, Bluetooth, Wi-Fi, Wi-max, entres autres - offrent des débits plafonnant à 1 Gbit/s et fonctionnent toutes sur des porteuses GHz. Depuis peu, des systèmes de transmissions sans fil point à point fonctionnant à 60 GHz sont introduits. Tous ces systèmes sauront satisfaire les besoins en terme de bande passante dans les 10-15 prochaines années. Cependant, les futurs systèmes devront être capables de supporter des débits de 10 Gbit/s et plus. Une solution pourrait être de se tourner vers des communications sans fil sur porteuse THz. L'augmentation de la fréquence porteuse étant une des solutions couramment employées pour permettre l'accès à de plus hauts débits, l'objectif étant dans le futur de se rapprocher le plus possible des débits obtenus par les systèmes de communications sur fibre optique. Même si pour le moment les systèmes de transmission sans fil sur porteuse THz ne se cantonnent qu'aux démonstrations de laboratoire [42], nul doute que

Chapitre 1. Introduction générale et contexte de l'étude

dans les prochaines décénnies ils seront exploités par tous.

C'est dans ce contexte qu'une troisème partie de mes travaux de thèse a visé à étudier le transfert d'une modulation micro-onde d'une porteuse optique vers une porteuse THz. Cette recherche c'est appuyée sur des photomélangeurs excités par des lasers télécoms continus. Ce travail s'inscrit ainsi dans la problématique plus générale des émetteurs, détecteurs et outils de métrologie optoélectronique THz qui utilisent des signaux optiques aux longueurs d'ondes télécoms.

2 Etude d'un matériau semiconducteur photoconducteur candidat pour la génération/détection THz à partir d'impulsions optiques femtosecondes à la longueur d'onde de 1,55 µm

Le fonctionnement d'une antenne photoconductrice pour la génération d'impulsions électromagnétiques THz est simple : en éclairant un matériau semi-conducteur soumis à un champ électrique statique de polarisation avec une impulsion laser ultracourte dont l'énergie des photons est supérieure à l'énergie de bande interdite de ce matériau, on crée des paires électrons-trous dans le semi-conduteur. La variation rapide de la densité de porteurs et leur accélération par le champ électrique de polarisation forme un transitoire de courant. Il induit un rayonnement électromagnétique qui se trouve être en champ lointain la dérivée temporelle de ce transitoire de courant. Ainsi, si la variation temporelle de courant s'effectue à des échelles de temps sub-picoseconde, le rayonnement se situe dans la gamme des fréquences THz. Cependant, une fois les paires electrons-trous créées en grand nombre dans le semi-conducteur par l'impulsion optique, le matériau doit revenir dans son état initial (isolant) avant l'impulsion optique suivante. Sinon on assiste à une augmentation considérable du nombre de porteurs moyens et à une diminution de la variation du photocourant, ce qui entraîne une diminution de la puissance des ondes électromagnétiques rayonnées. Le photocourant deviendrait tellement intense que le semi-conducteur supporterait difficilement la dissipation thermique associée. Il est donc nécessaire que les porteurs se recombinent en un temps inférieur à la période de répétition des impulsions laser. En outre, afin de générer des impulsions THz intenses, les porteurs doivent posséder une mobilité élevée. Le fonctionnement d'une antenne photoconductrice pour la détection d'impulsions électromagnétiques THz diffère car le matériau semi-conducteur n'est pas soumis à un champ électrique statique de polari-

Chapitre 2. Etude d'un matériau semiconducteur photoconducteur candidat pour la génération/détection THz à partir d'impulsions optiques femtosecondes à la longueur d'onde de 1,55 µm

sation. Il est éclairé par des impulsions optiques qui génèrent des paires électrons-trous. C'est le champ électrique THz incident lui-même qui joue le rôle de champ électrique de polarisation dynamique, induisant un photo-courant. Un ampéremètre placé aux bornes de l'antenne photoconductrice permet de mesurer le photo-courant qui traverse cette même antenne. Afin de réaliser une détection permettant une grande sensibilité, l'utilisation d'antennes photoconductrices pour la détection d'impulsions THz requiert que le temps de vie des porteurs soit inférieur à la durée de l'impulsion THz, c'est-à-dire typiquement inférieur à la picoseconde, pour réagir instantanément à l'impulsion THz incidente. Enfin le semi-conducteur doit présenter une haute résistivité hors éclairement, autrement dit une faible concentration de porteurs résiduels, pour obtenir des signaux contrastés [115].

A l'état naturel, aucun matériau intrinsèque ne possède un temps vie des porteurs libres dans la gamme picoseconde. Il est donc nécessaire d'ajouter aux matériaux semi-conducteurs des défauts qui jouent le rôle de centres de capture et de recombinaison pour les porteurs libres. Ainsi le temps de vie des porteurs peut-être réduit à des valeurs picosecondes. Cependant, l'ajout de défauts implique une baisse de la mobilité puisque les porteurs sont freinés dans leur libre parcours moyen par des diffusions sur les défauts. En outre, l'introduction de défauts peut modifier la concentration de porteurs résiduels et ainsi la résistivité d'obscurité. Toute la difficulté est donc d'obtenir un matériau semiconducteur qui associe temps de vie des porteurs ultra-courts, forte mobilité et résistivité d'obscurité élevée. Les défauts peuvent être introduits de différentes manières, pendant ou après la croissance. Parmis les techniques d'introduction de défauts, on peut notamment citer la croissance basse température, l'insertion de dopants, l'irradiation ou l'implantation ionique. Tout l'enjeu lors de l'introduction de défauts dans le matériau est de pouvoir les contrôler et les intégrer de manière reproductible.

Historiquement, le premier matériau utilisé pour la génération/détection de rayonnement THz au moyen d'antennes photoconductrices est le silicium sur saphir (Silicon on Sapphire - SoS) [2, 3]. Ce matériau était constitué d'une couche de quelques micromètres de silicium amorphe déposé sur un substrat de sapphir.

Rapidement, l'arseniure de gallium épitaxié à basse température (GaAs-BT) s'est ensuite imposé comme le matériau de référence. En effet, le GaAs-BT est l'un des matériaux les mieux adaptés pour la génération et la détection de rayonnement THz : le temps de vie des porteurs est subpicosonde, la résistivité d'obscurité est élevée, $\sim 10^7 \Omega.$cm [34] et la mobilité des porteurs est plutôt bonne, ~ 200 cm^2/(V.s). La croissance de ce matériau se fait aux alentours de 200-300°C. Durant la croissance, un excès d'arsenic est introduit rendant le matériau non-stoechiométrique. Des études ont montré que l'excès d'arsenic est présent dans le cristal sous forme de défauts ponctuels en grande concentration,

concentration qui peut atteindre 10^{20} cm^{-3} pour une croissance à 200°C. Dans le GaAs-BT, l'antisite As$_{Ga}$ (c'est à dire un atome d'arsenic à la place d'un atome de gallium) ou l'antisite complexé possède des niveaux d'énergies situés vers le milieu de la bande interdite: il se comporte comme un donneur profond. Ces donneurs participent à un phénomène de compensation avec les accepteurs rendant ainsi le matériau très résistif (de l'ordre de 10^4 Ω.cm) car le nombre de porteurs est extrêment faible. Un recuit post croissance est généralement effectué. A basse température de recuit, l'excès d'arsenic précipite sous forme de nanocristaux d'arsenic [120] ce qui se traduit par une diminution du temps de vie des porteurs amplifiée par la présence des défauts ponctuels. La forte résistivité du GaAs-BT provient de la grande quantité d'As précipité qui se développe après recuit ainsi que des défauts ponctuels créés lors de la croissance. Le GaAs-BT recuit à une température suffisante devient alors semi-isolant avec une résistivité de l'ordre de 10^6 à 10^7Ω.cm. La puissance générée par des antennes photoconductrices à base de GaAs-BT est de l'ordre du microwatt à 1 THz [68, 113] et des impulsions THz avec des composantes fréquencielles jusqu'à quelques dizaines de THz ont été mesurées [100, 56].

Malgré les très bonnes performances bien établies du GaAs-BT, d'autres solutions ont été proposées comme alternatives avec l'objectif d'améliorer encore les performances des antennes photoconductrices. On peut par exemple citer le GaAs avec incorporation d'Erbium durant la croissance normale du GaAs proposé par Kadow et al. [51, 50]. Ils ont montré que cette technique fait naître des nanoparticules semi-métalliques d'ErAs sur GaAs. Cet approche est basée sur le fait que la germination de l'ErAs sur le GaAs crée un mode de croissance en îlots gouverné par la chimie de la surface plutôt que par la contrainte. Le procédé utilisé pour la croissance de ce matériau implique que les îlots d'ErAs sont agencés en couches, formant un matériau avec une structure périodique. Cette approche permet d'obtenir des temps de vie des porteurs sub-picosecondes grâce à une recombinaison via les îlots d'ErAs. Ce matériau présente des caractéristiques de temps de vie et de résistivité d'obscurité comparables à celles du GaAs-BT. Ces caractérisitiques peuvent être finement ajustées en jouant sur l'espacement entre les nanoparticules, par les conditions de croissance et par la quantité d'Erbium déposée par couche. De plus, la croissance s'effectuant à température normale, la structure cristalline et la mobilité sont meilleures que dans le GaAs-BT [91]. Schwagmann et al. ont ainsi rapporté une émission jusqu'à 3 THz et une dynamique maximale de 40 dB [99]. Dès 2006, il a même été montré que les performances THz avec l'ErAs:GaAs étaient meilleures qu'avec le GaAs-BT [82] et l'on s'attend à obtenir de très bonnes performances d'après la modélisation qui a été faite récemment par Suen et al. [104].

De part la position spectrale de la bande interdite du GaAs, située à 1,43 eV à 300 K, les antennes

Chapitre 2. Etude d'un matériau semiconducteur photoconducteur candidat pour la génération/détection THz à partir d'impulsions optiques femtosecondes à la longueur d'onde de 1,55 µm

photoconductrices à base de GaAs sont excitées avec des impulsions optiques femtosecondes dont la longeur d'onde centrale se situe autour de 800 nm. Cette longueur d'onde nécessite l'utilisation de lasers solides encombrants de type Ti:Saphir. Ces lasers sont coûteux et nécessitent une maintenance fréquente. En outre, la GaAs possède une énergie de bande interdite relativement grande, or dans la famille des semi-conducteurs III-V, les matériaux avec une faible valeur de bande interdite possèdent une faible valeur de masse effective des électrons, donc une meilleure mobilité des électrons et par conséquent sont potentiellement plus efficaces pour la génération de rayonnement THz. Il s'avère donc intéressant de proposer des matériaux nouveaux à plus faible valeur de bande interdite pour réaliser des antennes photoconductrices. Ainsi, la recherche d'antennes photoconductrices excitées par des impulsions optiques femtosecondes dont la longueur d'onde est de 1,55 µm s'est développée. En effet, les sources disponibles à cette longueur d'onde présentent de grands avantages : faibles coûts, petites dimensions, simplicité d'utilisation et stables. Cette longueur d'onde offre également accès à la technologie fibrée qui est à l'heure actuelle clairement mature.

Des recherches visant à obtenir un matériau photoconducteur absorbant à la longueur d'onde de 1550 nm qui associe un temps de vie des porteurs sub-picoseconde et de bonnes propriétés électriques ont déjà été entreprises. Au vu de l'énergie apportée par les photons à 0,8 eV (λ=1,55 µm), le matériau de base qui s'impose est l'$In_{0,53}Ga_{0,47}As$, matériau qui possède une mobilité intrinsèque élevée de 12000 cm^2/(V.s) mais un temps de vie des porteurs de l'ordre la nanoseconde. Plusieurs approches ont été adoptées pour réduire le temps de vie des porteurs dans l'$In_{0,53}Ga_{0,47}As$: la croissance basse température, l'ajout de béryllium, le dopage aux ions fer, l'irradiation ionique. Dans un matériau absorbant à la longueur d'onde de 1550 nm, une des plus grandes difficultés est d'associer un temps de vie court des porteurs à une résistance d'obscurité élevée. En effet, une faible résistivité d'obscurité est inhérente aux semi-conducteurs de faible énergie de bande interdite [111].

Dans ce chapitre, nous présenterons les travaux de recherches qui ont été menées sur les matériaux photoconducteurs absorbants à la longueur d'onde de 1550 nm et dont le temps de vie des porteurs est court. Nous développerons ensuite notre approche visant à obtenir un matériau dans lequel l'introduction de défauts réduit le temps de vie des porteurs et ne perturbe que peu la mobilité intrinsèque des photoporteurs. Ce matériau consiste en un super-réseau d'$In_{0,509}Ga_{0,401}As/In_{0,509}Ga_{0,491}As_{1-x}N_x$, les défauts étant présents dans la couche d'$In_{0,509}Ga_{0,491}As_{1-x}N_x$. Nous détaillerons les temps de vie des porteurs mesurés dans ce matériau ainsi que ses propriétés électriques. Nous présentons une discussion des mécanismes physiques intervenant dans la capture et la recombinaison des porteurs hors équilibre.

2.1 Réduction du temps de vie des porteurs dans l'In$_{0,53}$Ga$_{0,47}$As

Avant d'aborder les matériaux photoconducteurs rapides absorbants à la longueur d'onde de 1,55 µm, nous nous devons de citer l'article proposé par Erlig et al. [30] dans lequel les auteurs réussissent à générer et détecter un rayonnement THz au moyen d'antennes photoconductrices en GaAs-BT avec une longueur d'onde d'excitation de 1,55 µm. La largeur à mi-hauteur de l'impulsion rayonnée est de 451 fs. Le mécanisme de photo-absorption décrit par Tani et al. [111] se déroule en 2 étapes. Le processus mis en jeu est une absorption à 2 photons via les défauts en milieu de bande interdite. Notons que l'efficacité de détection dans cette configuration est d'environ 10% de celle obtenue avec une excitation optique à la longueur d'onde de 780 nm.

2.1.1 Les matériaux massifs

Naturellement, les premières recherches d'un matériau semi-conducteur présentant des bonnes propriétés optiques et électriques adaptées à la génération/détection THz et absorbant à λ=1,55 µm ont portées sur l'InGaAs épitaxié à basse température (InGaAs-BT) [38]. La croissance d'InGaAs à basse température est réalisée de la même manière que la croissance à basse température du GaAs. Ainsi, la formation de défauts durant la croissance basse température est la conséquence de l'incorporation d'As en excès. Cet excès d'As a pour conséquence la création d'antisites As$_{Ga}$. Cette technique d'introduction de défauts permet de réduire le temps de vie des porteurs a des valeurs picosecondes faibles. Cependant, la basse température de croissance entraîne également une augmentation significative de la concentration des électrons résiduels comme on peut le voir sur la figure 2.1. La réduction du temps de vie des porteurs obtenu grâce à une diminution de la température de croissance s'accompagne ainsi d'une réduction significative de la résistivité hors éclairement de l'InGaAs-BT.

Afin d'améliorer les propriétés de l'InGaAs-BT des solutions telles que l'incorporation de béryllium dans les couches épitaxiées à basse température ont été essayées [72]. En effet, l'introduction de béryllium vise à ajouter des niveaux accepteurs dans le matériau et ainsi réduire la concentration de porteurs résiduels. L'équipe de Takazato a ainsi obtenu une résitivité d'obscurité de 700 Ω.cm et une mobilité de Hall de l'ordre de 100 cm^2/(V.s) [109, 110]. Les émissions THz rapportées à partir d'antennes photoconductrices à base d'InGaAs-BT dopé au béryllium montrent des impulsions THz dont les spectres s'étendent jusqu'à 2 THz.

L'introduction de fer dans l'In$_{0,57}$Ga$_{0,43}$As permet également de réduire le temps de vie des porteurs en introduisant des niveaux accepteurs profonds dans la bande interdite [37]. L'ajout de fer a pour

Chapitre 2. Etude d'un matériau semiconducteur photoconducteur candidat pour la génération/détection THz à partir d'impulsions optiques femtosecondes à la longueur d'onde de 1,55 μm

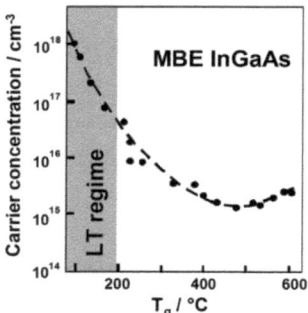

FIGURE 2.1: Concentration en porteurs résiduels dans l'InGaAs-BT en fonction de la température de croissance. Figure extraite de la référence [94].

effet d'augmenter la résistivité en compensant la quantité de porteurs intrinsèques. Cependant, l'ajout en excès d'impuretés de fer fait que le matériau est surcompensé, et la résistivité d'obscurité diminue lorsque que la concentration de trous augmente [93]. Récemment, Wood et al. ont montré la génération d'impulsions THz à partir d'InGaAs dopé aux ions Fe^+ (Fe:InGaAs) en jouant sur le dopage et l'épaisseur de la couche active [122, 121]. L'incorporation de fer est effectuée pendant la croissance MOCVD (Metal-Organic Chemical Vapor Deposition). La puissance THz émise par les antennes photoconductrices à base d'InGaAs:Fe est dépendante du dopage, donc facilement contrôlable lors de la croissance. Une puissance moyenne rayonnée de 4 μW a été démontrée pour des antennes à base d'$In_{0,57}Ga_{0,43}As$ dopé en fer à $4 \times 10^{16} cm^{-3}$ excitées par des impulsions optiques à la longueur d'onde de 1550 nm. La résistivité d'obscurité de la couche pour ce dopage est de 8×10^5 Ω.cm. En diminuant le dopage à $2 \times 10^{16} cm^{-3}$, la résistivité d'obscurité augmente à $2,7 \times 10^6$ Ω.cm, la puissance THz alors obtenue est environ deux fois plus importante. Les spectres associés présentent des composantes fréquencielles supérieures à 2 THz, limitation qui semble principalement due à la largeur des impulsions utilisées (>200 fs). Ils ont également montré qu'à des niveaux de dopage en fer importants, on assiste à la formation de précipitation de FeAs durant la croissance, ce qui a pour effet de diminuer la puissance THz rayonnée.

D'autres approches permettent d'atteindre des temps de vie sub-picosecondes comme l'irradiation ou l'implantation ionique. Ces méthodes ont l'avantage de pouvoir s'appliquer à n'importe quel matériau

2.1. Réduction du temps de vie des porteurs dans l'In$_{0,53}$Ga$_{0,47}$As

et peuvent être réalisées au cours des dernières étapes de fabrication des antennes photoconductrices. Ces techniques de création de défauts consistent à bombarder un matériau avec des ions : un ion pénétrant dans le matériau va entrer en collision avec les atomes du réseau cristallin et céder aux atomes une part de son énergie. Si l'énergie transmise est supérieure à une certaine énergie "seuil" déterminée par la nature de la maille cristalline, l'atome-cible quitte son site cristallin laissant alors un site vaccant (lacune). A son tour l'atome primaire déplacé entre en collision avec d'autres atomes cibles et peut provoquer une cascade de déplacements atomiques secondaires et ce, jusqu'à ce que l'énergie de chacun des atomes en mouvement devienne inférieure à l'énergie de seuil ; on parle alors de collisions secondaires. Ces déplacements élémentaires des atomes dans le matériau-cible créent des lacunes, des interstitiels [1] et des antisites [2] qui sont autant de défauts. A chaque collision avec les atomes du réseau cristallin, les ions perdent une partie de leur énergie. Dans le cas de l'irradiation ionique, les ions incidents sur le matériau possèdent une énergie initiale importante qui leur permet de traverser complétement le matériau avant d'avoir perdu toute leur énergie ; il n'y a donc pas d'ions utilisés pour le bombardement dans le matériau lui-même. A l'inverse, dans le cas de l'implantation ionique, les ions possèdent une énergie initiale faible et sont dans ce cas arrêtés dans le matériau lui-même créant ainsi des impuretés en plus des défauts de structure. L'In$_{0,57}$Ga$_{0,43}$As implanté aux ions Fe$^+$ présente un temps de vie des porteurs qui peut être réduit à 300 fs [14]. La résistivité d'obscurité est de l'ordre du kΩ.cm et la photomobilité des électrons a été calculée à 1500 cm^2/(V.s) [107, 106]. Des impulsions THz dont les composantes spectrales s'étendent jusqu'à 2 THz ont été délivrées par des antennes photoconductrices en In$_{0,57}$Ga$_{0,43}$As implanté aux ions Fe$^+$. La technique d'irradiation aux ions lourds de l'In$_{0,57}$Ga$_{0,43}$As permet d'ajuster le temps de vie des porteurs de la nanoseconde jusqu'à 200 fs en fonction de la dose d'irradiation [49]. Une mobilité des électrons de 3600 cm^2/(V.s) a été mesurée par pompe optique-sonde THz pour un temps de vie des électrons de 460 fs [23]. La résistivité d'obscurité est de 3 Ω.cm [20]. Des antennnes photoconductrices en In$_{0,57}$Ga$_{0,43}$As irradié par des ions lourds ont été employées pour la génération et la détection d'impulsions THz. Il a été reporté des impulsions dont les composantes spectrales s'étendent jusqu'à 2,5 THz avec une dynamique maximale de 40 dB [20]. Une puissance moyenne de 0,46 μW a été détectée sur l'ensemble du spectre [65].

De façon générale, l'implantation ou l'irradiation ionique sont des procédés certes bien maitrisés mais il s'agit de traitements post-croissance qui nécessitent un accélérateur, pas toujours accessible.

---

1. présence d'un atome entre les atomes du réseau.
2. atomes qui se trouvent bien à un nœud du réseau mais qui rompent la régularité chimique.

Chapitre 2. Etude d'un matériau semiconducteur photoconducteur candidat pour la génération/détection THz à partir d'impulsions optiques femtosecondes à la longueur d'onde de 1,55 µm

2.1.2 Les super-réseaux

Jusqu'à maintenant, nous n'avons parlé que de matériaux massifs dans lesquels des défauts sont introduits de manière relativement uniforme. Mais depuis 1999, une approche « super-réseau » a été développée. L'idée est de séparer les défauts et les couches de conduction. Ainsi, les photoporteurs sont créés dans une zone absorbante exempte de défauts qui possède ainsi une mobilité élevée. Les porteurs diffusent ensuite vers des zones constituées uniquement de défauts. Afin d'obtenir des temps de vie picosecondes, la couche de conduction doit être relativement mince afin que les photoporteurs atteignent rapidement les couches de défauts limitant ainsi le temps de diffusion. Comme la concentration des porteurs photocréés est proportionnelle à l'épaisseur du matériau, l'agencement de plusieurs couches absorbantes alternées avec des couches de défauts est nécessaire afin de créer une concentration de photoporteurs suffisante pour la génération d'impulsions THz puissantes.

La première structure photoconductrice à base de super-réseaux proposée a consisté en un empilement de couches de conduction de GaAs et de quelques monocouches de GaAs dans lesquels des îlots d'arséniure d'erbium (ErAs) de dimensions nanométriques ont été insérés [50]. Le principal avantage de cette solution comparée au GaAs-BT est une croissance à température "classique" ce qui permet d'améliorer la qualité cristalline de la couche de conduction et ainsi la mobilité des photoporteurs. De plus, cette technique ne nécessite aucun traitement post-croissance. Cette approche a ensuite été appliquée à des couches de conduction en InGaAs avec l'objectif de réaliser des antennes photoconductrices excitées par des signaux optiques aux longueurs d'ondes télécoms.

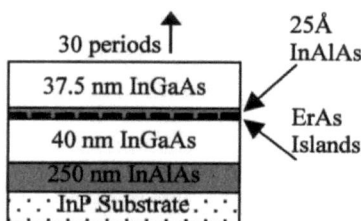

FIGURE 2.2: Schéma des premières structures d'ErAs:InGaAs. Figure extraite de la référence [24].

La structure appliquée à l'InGaAs est présentée figure 2.2. Une première couche d'InGaAs est épitaxiée sur une couche tampon d'InAlAs. La période de la structure est constituée d'une couche d'In-

2.1. Réduction du temps de vie des porteurs dans l'In$_{0,53}$Ga$_{0,47}$As

GaAs, d'une couche d'ErAs ainsi que d'une couche d'InAlAs. La couche d'ErAs est constituée de 0,4 à 3 mono couches [24] et une bonne qualité cristalline est conservée [54]. La couche d'InAlAs améliore la qualité cristalline car elle permet d'obtenir une surface plane pour le dépôt de la période suivante.

Cependant, l'insertion des particules métalliques d'ErAs modifie légèrement l'énergie du niveau de Fermi de la structure. Cette modification du niveau de Fermi cause un dopage résiduel de type n entraînant une concentration en porteurs libres non voulue. Pour remédier à ce problème et augmenter la résistance d'obscurité de l'empilement, Driscoll et al. ont ajouté des donneurs de type p (béryllium) de façon ponctuelle dans les couches d'InAlAs permettant d'obtenir une résistivité de 350 Ω.cm [25].

Pour un échantillon qui contient 100 périodes de 5 nm et un δ-dopage au béryllium de 5×10^{13}cm^{-2} par période, Driscoll et al. ont rapporté un temps de vie des porteurs réduit à 300 fs. Ce temps est selon les auteurs limité par le temps de diffusion vers les nanoparticules [35]. La mobilité des électrons est de 202 cm^2/(V.s) et la résistivié d'obscurité est 343 Ω.cm [83].

Schwagmann et al. ont récemment développé des antennes photoconductrices à base de ce super-réseau d'InGaAs/ErAs pour la génération d'impulsions THz [99]. La forme de l'impulsion THz rayonnée est dépendante de la période du réseau (absence ou présence d'un pic négatif plus ou moins prononcé), i. e. du temps de vie des photoporteurs. Les spectres correspondants présentent des composantes spectrales jusqu'à 3,1 THz.

Une seconde appoche qui exploite les super-réseaux a été proposée par Sartorius et al. [94]. Ils sont partis du principe que l'InGaAs-BT apportait en partie de bonnes propriétés pour la photoconduction picoseconde et que le point essentiel à améliorer était la résistivité du matériau. La première modification qu'ils ont apportée est de compenser l'excès de concentration d'électrons libres en dopant avec un accepteur adéquat. Le béryllium a été choisi et permet, en fonction de sa concentration, de moduler la concentration résiduelle de porteurs et même de rendre l'InGaAs-BT dopé p pour de forte concentration [94].

Un recuit effectué *in situ* facilite l'incoporation de béryllium dans les sites de gallium au détriment de la formation d'antisites As$_{Ga}$. Ensuite, ils ont inclu l'InGaAs-BT dopé entre des couches d'InAlAs également épitaxiées à basse température. L'InAlAs-BT ayant une énergie de bande interdite importante (1,46 eV), il est transparent à 1,55 µm et ne contribue donc pas à la photoconduction. De plus, l'InAlAs-BT possède une forte résistivité sans pour autant détériorer le courant d'obscurité. Mais la principale caractéristique de l'InAlAs-BT est sa grande concentration de pièges profonds à électrons. Les électrons peuvent être capturés en dehors de la couche photoconductrice d'InGaAs-BT par un

Chapitre 2. Etude d'un matériau semiconducteur photoconducteur candidat pour la génération/détection THz à partir d'impulsions optiques femtosecondes à la longueur d'onde de 1,55 µm

processus tunnel et sont piégés dans la couche d'InAlAs-BT. La résistance d'obscurité de l'InGaAs-BT peut ainsi être augmentée. Cependant, ce principe de capture ne fonctionne seulement que pour de faibles épaisseurs de couches photoconductrices (10 à 15 nm) car dans ce cas, la faible distance entre les électrons et les pièges permet une grande efficacité du processus tunnel. Néanmoins, la faible épaisseur des couches d'InGaAs-BT ne permet pas une absorption optique suffisante pour utiliser des antennes photoconductrices à base de ce matériau. C'est pourquoi, une structure de type super-réseau alternant les couches de photoconduction et les couches de pièges est proposée afin d'améliorer l'absorption optique. La structure ainsi réalisée est présentée figure 2.3 et est composée de 100 périodes de couches d'InGaAs-BT de 12 nm d'épaisseur alternée avec des couches d'InAlAs-BT de 8 nm.

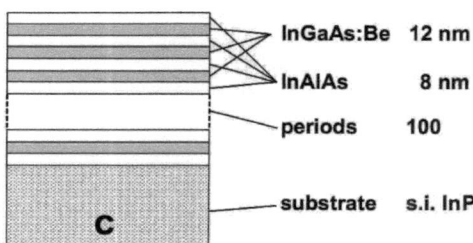

FIGURE 2.3: Structure multicouche de l'InGaAs/InAlAs proposée par Sartorius et al. Figure extraite de la référence [94].

Les caractéristiques de ce matériau n'ont pas été explicitement données, cependant des études en amont ont été faites sur les propriétés électriques de puit quantiques d'InGaAs/InAlAs basse température dopé au béryllium [17]. Il a alors été rapporté que ce matériau possède une mobilité de Hall de 1900 $cm^2/(V.s)$ et une mobilité THz de 1400 $cm^2/(V.s)$. D'un point de vue THz, des fréquences jusqu'à 2 THz ont été mesurées en impulsionnel et 1,8 THz en continu. La puissance est de 10 μW à 200 GHz [95]. Tout récemment, une structuration de l'antenne en mesa a permis d'augmenter la résistivité d'obscurité et donc d'augmenter le photocourant traversant l'antenne [92]. Ainsi, l'amplitude du signal THz détecté a pu être augmenté d'un facteur 27 lorsque les antennes d'émission et de détection présentent la structure en mesa.

2.2 Notre approche : un super-réseau d'$In_{0,509}Ga_{0,491}As/In_{0,509}Ga_{0,491}As_{1-x}N_x$

Le tableau 2.1 rapporte les caractéristiques des principaux matériaux photoconducteurs absorbant à 1550 nm et dont les propriétés optiques et électriques sont adaptées à la génération/détection d'impulsions THz.

Matériau photoconducteur	Tps de vie des porteurs (ps)	Mobilité de Hall ($cm^2/(V.s)$)	Mobilité THz ($cm^2/(V.s)$)	Résistivité ($\Omega.cm$)	Longueur d'onde d'utilisation
GaAs-BT	0,1 [34]	200	2500 [58]	1.10^7 [34]	800 nm
InGaAs-BT dopé béryllium	0,35 [117]	100 [109]		700 [109]	1550 nm
InGaAs/InAlAs-BT dopé béryllium	≈ 1 [108]	1900 [17]	1400 [15]	$1,2.10^5$ [94]	1550 nm
InGaAs dopé fer	0,3 [9]			$2,7.10^6$ [121]	1550 nm
InGaAs implanté aux ions Fe^+	0,3 [14]	50 [14]	1500 [107]	920 [107]	1550 nm
InGaAs irradié aux ions Br^+	< 0,2 [20]	490 [20]	3600 [23]	3 [20]	1550 nm
ErAs:InGaAs dopé béryllium	< 0,3 [26]	202 [26]	906[26]	343 [83]	1550 nm

TABLE 2.1: Propriétés de quelques matériaux développés pour la génération/détection THz à 1550 nm.

Parmis les approches proposées, la solution consistant à adopter une structure de super-réseau nous semble tout à fait prometteuse. En effet, en alternant les couches de conduction en InGaAs et les couches de défauts, cela permet de garder la mobilité élevée de l'InGaAs tout en ajoutant des défauts dans la structure qui vont réduire le temps de vie. L'enjeu de cette partie de mes travaux de thèse est d'exploiter une approche super-réseau originale pour obtenir un matériau photoconducteur absorbant à la longueur d'onde télécom de 1,55 μm, qui associe un temps de vie des porteurs picoseconde et de bonnes propriétés électriques. A terme, il s'agit de réaliser des antennes photoconductrices implémentant ce matériau pour la génération et la détection de rayonnement électromagnétique THz à partir d'impulsions optiques femtosecondes de l'ongueur d'onde λ=1550 nm.

Pour cela, nous proposons d'étudier des super-réseaux d'$In_{0,509}Ga_{0,491}As/In_{0,509}Ga_{0,491}As_{1-x}N_x$ en collaboration avec Jean-Christophe Harmand et Christophe Minot (LPN). La couche de conduction est l'$In_{0,509}Ga_{0,491}As$ et des plans d'$In_{0,509}Ga_{0,491}As_{1-x}N_x$ sont introduits afin de jouer le rôle des défauts.

Chapitre 2. Etude d'un matériau semiconducteur photoconducteur candidat pour la génération/détection THz à partir d'impulsions optiques femtosecondes à la longueur d'onde de 1,55 µm

Lorsqu'un élément V d'un matériau III-V est partiellement remplacé par de l'azote ($x<5\%$), on parle de nitrures dilués que l'on note III-V-N_{dil}. L'ajout d'azote remplaçant partiellement l'élément V, si on applique ce raisonnement à l'InGaAs, on obtient alors un quaternaire d'$In_{0,509}Ga_{0,491}As_{1-x}N_x$. L'incorporation de quelques pourcents d'azote dans les composés d'InGaAs suffit à réduire considérablement leur énergie de bande interdite. Cette diminution est dû à l'agencement des atomes dans la matrice d'InGaAs [5, 1]. Il a été montré expérimentalement l'existence d'états délocalisés pour les porteurs en présence d'In et N dans les alliages quaternaires. Il semblerait qu'une série de cinq transitions distinctes apparaisse alors [89, 53], ce qui a pour effet de baisser le niveau d'énergie du bas de la bande de conduction. Ces états localisés qui sont autant de défauts introduits par l'ajout d'azote, qui jouent le rôle de pièges et de centres recombinants pour les porteurs libres, permettant de diminuer le temps de vie des porteurs [61]. La détermination précise des propriétés de ces défauts intrinsèques (défauts dominants, densités, position en énergie) est difficile, leur présence relative dépendant des conditions de croissance (source utilisée, méthode d'épitaxie, température de croissance, etc). La plupart des défauts identifiés jusqu'à présents sont des défauts ponctuels, tels des complexes d'antisites d'arsenic, des lacunes de gallium et des antisites d'azote [57, 16]. Des recherches sur les matériaux III-V avec ajout d'azote en petite quantité ont fait l'objet d'une thèse soutenue par M. Le Dû au LPN [61].

L'hétérostructure que nous proposons, composée d'une alternance de plans d'$In_{0,509}Ga_{0,491}As$ et de plans d'$In_{0,509}Ga_{0,491}As_{1-x}N_x$, permet d'exploiter les propriétés des plans d'$In_{0,509}Ga_{0,491}As_{1-x}N_x$, à savoir une forte concentration de pièges à électrons introduits par les états localisés d'azote [63, 62]. La couche dopée N joue alors le rôle de réservoir de centres de capture et recombinants. On s'attend ainsi à ce que les photoporteurs générés dans les couches d'$In_{0,509}Ga_{0,491}As$ diffusent rapidement vers les couches d'$In_{0,509}Ga_{0,491}As$ dopées N puis soient capturés. Mes travaux ont visés à étudier l'influence de la concentration d'azote (et donc de défauts) dans les plans azotés mais également de la période du super-réseau sur la dynamique des porteurs, la mobilité ainsi que sur la résistivité d'obscurité.

2.2.1 Description des échantillons

L'hétéro-structure que nous avons conçue est constituée d'une alternance de plans d'$In_{0,509}Ga_{0,491}As$ de forte mobilité et de plans de défauts en $In_{0,509}Ga_{0,491}As_{1-x}N_x$. La structure typique des échantillons est présentée figure 2.4. Une période du super réseau est constituée d'une couche d'$In_{0,509}Ga_{0,491}As$ et de $\sim$ 3 mono-couches (mono-layer - ML) d'$In_{0,509}Ga_{0,491}As_{1-x}N_x$ dont la concentration en azote est ajustable. Les couches d'$In_{0,509}Ga_{0,491}As_{1-x}N_x$ se comportent comme des pièges et des centres de recombinaison pour les porteurs libres [62].

2.2. Notre approche : un super-réseau d'In$_{0,509}$Ga$_{0,491}$As/In$_{0,509}$Ga$_{0,491}$As$_{1-x}$N$_x$

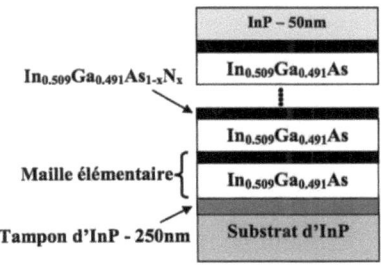

FIGURE 2.4: Structure typique des échantillons étudiés.

Les échantillons sont épitaxiés au Laboratoire de Photonique et Nanostructures (LPN) à Marcoussis par Jean-Christophe Harmand. Leur coissance se fait par épitaxie par jets moléculaires (Molecular Beam Epitaxy - MBE) sur substrat d'InP (100) poli double face. Une couche de 250 nm d'InP est ensuite déposée à 500°C. Cette couche dite « tampon » a pour but de donner une surface exempt de défauts et parfaitement lisse pour la suite de la croissance. La température du substrat est ensuite baissée et stabilisée à 380°C ou 400°C pour la suite de la croissance qui est contrôlée par réflexion de diffraction d'électrons à haute énergie. Chaque période commence par une couche d'In$_{0,509}$Ga$_{0,491}$As de composition proche des conditions d'accord de maille de l'InP. Ensuite, les flux d'indium, de gallium et d'arsenic sont arrêtés durant le temps où la surface de l'échantillon est exposée à la source plasma d'azote. Cette exposition est maintenue pendant un temps compris entre quelques secondes et 1 min. Cette étape a pour conséquence de former une couche d'In$_{0,509}$Ga$_{0,491}$As$_{1-x}$N$_x$ riche en N qui s'étend typiquement sur 3 mono-couches [63]. La concentration en azote de ces couches est contrôlée par le temps d'exposition en N et le flux d'N$_2$ dans la source plasma. Nous avons fait varier la période du super réseau, contrôlée par le temps d'exposition d'In$_{0,509}$Ga$_{0,491}$As, de 2,5 à 10 nm. L'épaisseur totale du super réseau est gardée constante à 100 nm. Pour finir, la structure est encapsulée par une couche d'InP de 50 nm qui a pour but d'éviter les recombinaisons de surface et de protéger les couches supérieures du super réseau.

Un premier jeu de structures a été réalisé afin d'étudier l'influence de la concentration en azote (de 0,03 % à 14 %) sur le temps de vie des porteurs et sur les propriétés électriques de la structure. Les caractéristiques des échantillons de cette première série sont présentées au tableau 2.2. Pour cette série, la période du super-réseau est constante et est fixée à 10 nm. Nous avons ensuite réalisé un deuxième ensemble de strutures dont les caractéristiques sont détaillées au tableau 2.3. Ces échantillons présentent

Chapitre 2. Etude d'un matériau semiconducteur photoconducteur candidat pour la génération/détection THz à partir d'impulsions optiques femtosecondes à la longueur d'onde de 1,55 µm

des concentrations en azote similaires (6 %) mais la période varie de 2,5 à 10 nm. L'idée est d'étudier l'influence du temps de diffusion des porteurs vers les couches de défauts sur le temps de vie des porteurs photocréés.

Nom de l'échantillon	Epaisseur d'une période	Concentration en azote dans les couches d'$In_{0,509}Ga_{0,491}As_{1-x}N_x$	Nombre de périodes
77M16	10 nm	0,03 %	10
77M14	10 nm	0,3 %	10
93P122	10 nm	6 %	10
7BM96	10 nm	9 %	10
89P30	10 nm	14 %	10

TABLE 2.2: Caractéristiques des échantillons de la première série.

Nom de l'échantillon	Epaisseur d'une période	Concentration en azote par couche $In_{0,509}Ga_{0,491}As_{1-x}N_x$	Nombre de périodes
93P122	10 nm	6 %	10
8CP73	5 nm	6 %	20
8CP76	2,5 nm	6 %	40

TABLE 2.3: Caractéristiques des échantillons de la deuxième série.

La figure 2.5 présente la diffraction aux rayons-X (004) de l'échantillon 89P30 qui possède une forte concentration en azote dans la couche d'$In_{0,509}Ga_{0,491}As_{1-x}N_x$. Le pic principal situé au centre de la figure correspond au substrat. Les autres pics visibles pour des petits angles de diffraction correspondent aux contributions des couches d'InP contenant de petites quantités d'arsenic. Les petites quantités d'arsenic sont dues à la pression résiduelle d'As_2 dans la chambre, conséquence de la croissance des couches d'arsenic. C'est essentiellement la couche d'encapsulation d'InP qui est légèrement contaminée par l'arsenic. Les pics visibles pour de grands angles de diffraction (satellites) mettent en évidence la nature périodique de la structure.

Une analyse par microscopie électronique en transmission (TEM) de l'échantillon 8CP76 est présentée figure 2.6. L'alliage d'$In_{0,509}Ga_{0,491}As_{1-x}N_x$ apparaît en couches sombres montrant un léger contraste avec les couches claires d'$In_{0,509}Ga_{0,491}As$. Il est possible de distinguer des inhomogénéités dues à l'incorporation non uniforme d'azote dans les couches d'$In_{0,509}Ga_{0,491}As$ exposées à la source plasma. Cette analyse montre qu'aucun défaut supplémentaire n'a été introduit pendant la croissance. En outre, la croissance à 2 dimensions a été préservée. Sur la figure 2.6b), on observe que la régularité du super

2.2. Notre approche : un super-réseau d'In$_{0,509}$Ga$_{0,491}$As/In$_{0,509}$Ga$_{0,491}$As$_{1-x}$N$_x$

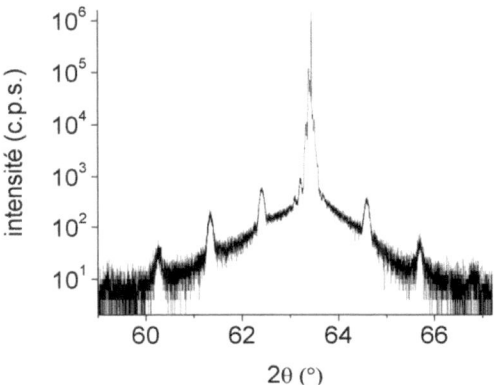

FIGURE 2.5: Mesure de diffraction X de l'échantillon 89P30.

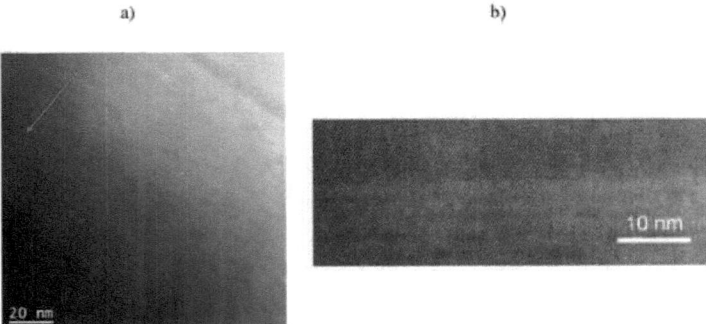

FIGURE 2.6: Vue par microscopie électronique en transmission de l'échantillon 8CP76. a) Vue en coupe de l'échantillon possédant 40 périodes de 2,5 nm d'épaisseur. La direction de la croissance est vers le bas. La couche tampon d'InP est visible en haut à droite de l'image. Les couches sombres sont composées d'In$_{0,509}$Ga$_{0,491}$As$_{1-x}$N$_x$ et les couches claires correspondent aux couches d'In$_{0,509}$Ga$_{0,491}$As. b) Vue de l'interface entre le super réseau et la couche d'encapsulation d'InP.

réseau est préservée dans son ensemble.

2.2.2 Mesures de la dynamique des porteurs

La durée de vie des porteurs libres dans ces structures à super-réseau a été mesurée en utilisant la technique dite de *pompe-sonde* optique. Il s'agit d'une expérience qui repose sur une mesure de photo-transmittance résolue en temps. Lorsqu'une impulsion lumineuse de photons d'énergie $h\nu$ supérieure à l'énergie de bande interdite est absorbée par un matériau semi-conducteur, des paires électrons-trous sont créées et on observe une modification de l'absorption en fonction du temps. Dans le cas d'un modèle simplifié, on peut interpréter cette variation de l'absorption comme étant une conséquence de l'occupation de certains états d'énergie dans la bande de conduction. Ainsi, juste après l'excitation optique du matériau, un photon d'énergie égale à celle apportée par l'onde optique excitatrice sera difficilement absorbé puisque les niveaux d'énergies dans la bande de conduction sont déjà occupés. Le matériau apparaît alors transparent, l'échantillon est « blanchi », c'est la saturation d'absorption. Notons que d'autres phénomènes liés à la présence de porteurs dans les bandes influencent aussi l'absorption optique des échantillons : les effets thermiques de porteurs ou l'absorption intrabande par porteurs libres. Pour plus d'explications sur les origines de la saturation d'absorption, le lecteur pourra se référer à la référence [41].

Dispositif expérimental Le laser utilisé pour les mesures pompe-sonde optique est constiué d'un Verdi, d'un Ti:Saphir ainsi que d'un oscillateur paramétrique optique (OPO) permettant d'accéder à des longueurs d'ondes comprises entre 0,7 et 2 µm pour l'ensemble de la chaîne laser. Le Verdi utilise un cristal de $Nd:YVO_4$ (neodymuim-doped yttrium orthovanadate) aussi connu sous le nom de vanadate qui joue le rôle de milieu à gain. Le rayonnement vert du Verdi est ensuite injecté dans la cavité du Ti:Saphir qui délivre des impulsions optiques d'environ 100 fs à un taux de répétition de 80 MHz. Le faisceau de sortie du Ti:Sa est injecté dans la cavité de l'OPO. Un OPO utilise un milieu à gain non linéaire avec une susceptibilité d'ordre élevé pour convertir un photon de pompe de haute énergie en 2 photons de plus faible énergie. En d'autres termes, la conversion paramétrique optique convertit un faisceau de pompe incident sur le crystal en deux signaux de sortie, le signal et l'idler. Les impulsions générées par l'OPO ont une largeur à mi-hauteur de 200 fs et sont délivrées à une fréquence de 80 MHz. L'accordabilité en longueur d'onde est comprise entre 1,3 et 1,6 μm.

Le dispositif expérimental utilisé pour la mesure de photo-transmittance résolue en temps est schématisé à la figure 2.7. Il s'agit d'une mesure dégénérée, c'est-à-dire que les faisceaux de pompe et de

2.2. Notre approche : un super-réseau d'In$_{0,509}$Ga$_{0,491}$As/In$_{0,509}$Ga$_{0,491}$As$_{1-x}$N$_x$

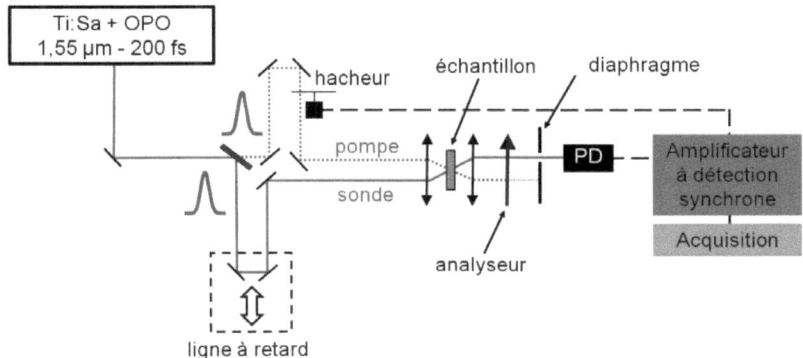

FIGURE 2.7: Schéma du banc expérimental de photo-transmittance dégénérée résolue dans le temps. PD : photodiode.

sonde possèdent la même longueur d'onde. Le faisceau en sortie du laser est divisé en deux voies de polarisations orthogonales par un cube séparateur en polarisation. Le rapport entre la puissance du faisceau de pompe et celle du faisceau de sonde est de 10. Une ligne à retard est positionnée sur le faisceau de sonde afin de faire varier la longeur de son chemin optique. Les deux faisceaux sont ensuite recombinés sur l'échantillon à l'aide d'un objectif de microscope de longueur focale 10 mm. Les spots optiques des deux faisceaux focalisés forment un disque de $\sim$ 5 µm de diamètre. Ensuite le faisceau optique de sonde est envoyé sur une photodiode lente. Afin de filtrer le maximum de puissance du faisceau de pompe incident sur la photodiode et ainsi de ne détecter que la sonde, on effectue une discrimination en polarisation en plaçant l'axe propre d'un analyseur parallèlement à polarisation du faisceau de sonde après l'échantillon. Une deuxième discrimination, spatiale, est également mise en place juste avant la photodiode à l'aide d'un diaphragme. Une sensbilité en détection de l'ordre de 10^{-6} V est assurée grâce à un amplicateur à détection synchrone. Pour son utilisation, le faisceau de pompe est modulé autour de 500 Hz à l'aide d'un hacheur mécanique.

La mesure de la saturation d'absorption par une expérience de type pompe-sonde peut être expliquée de la façon suivante : si on considère que le milieu, dont l'absorption est saturée par une impulsion optique $I_p(t)$, se relaxe selon une loi $h(t)$, la réponse du système dans le domaine temporel est défini par $I_p(t) \otimes h(t)$. Le changement d'absorption $\Delta\alpha(t)$ de l'échantillon prend alors la forme :

Chapitre 2. Etude d'un matériau semiconducteur photoconducteur candidat pour la génération/détection THz à partir d'impulsions optiques femtosecondes à la longueur d'onde de 1,55 µm

$$\Delta\alpha(t) \propto \int_{-\infty}^{+\infty} h(t-t')I_p(t')dt' \tag{2.1}$$

L'impulsion de sonde de plus faible intensité $I_s(t-\tau)$ possède un retard variable τ sur l'impulsion de pompe $I_p(t)$ et mesure le changement de transmission de l'échantillon induit par la pompe. Le détecteur mesure alors la transmission du faisceau sonde qui est comparée à la transmission de la sonde sans perturbation de l'échantillon. Le changement ΔT de transmission de la sonde pour un retard τ donné est donc de la forme :

$$\Delta T(\tau) \propto \int_{-\infty}^{+\infty} \Delta\alpha(t)I_s(t-\tau)dt \tag{2.2}$$

En remplaçant dans l'équation 2.2, l'expression de $\Delta\alpha(t)$ donnée par l'équation 2.1 et en faisant un changement de variable : $t'-t = t''-\tau$, on obtient en manipulant les intégrales :

$$\Delta T(\tau) \propto \int_{-\infty}^{+\infty} dt'' h(\tau-t'') \left(\int_{-\infty}^{+\infty} dt' I_p(t')I_s(t'-t'') \right) = \int_{-\infty}^{+\infty} dt'' h(\tau-t'')C(t'') \tag{2.3}$$

où $C(t)$ est la fonction de corrélation entre les impulsions de pompe et de sonde avec :

$$C(t) = \int_{-\infty}^{+\infty} dt' I_p(t')I_s(t'-t) \tag{2.4}$$

Le signal mesuré est donc le produit de convolution entre la fonction de corrélation pompe-sonde $C(t)$ et la fonction de relaxation des porteurs libres $h(t)$ du système à étudier.

Ainsi, la durée de l'impulsion définie la résolution temporelle de la mesure. La puissance du faisceau de sonde doit être bien inférieure à celle du faisceau de pompe pour éviter une modification de la distribution de porteurs.

Afin de déterminer la contribution des électrons et des trous et le rôle de chacun lors d'une expérience de type pompe-sonde, nous nous sommes appuyés sur les travaux théoriques de Pierre Langot réalisés au Laboratoire d'Optique Appliquée [60]. Après création d'un plasma électron-trou hors équilibre de densité ρ par le faisceau pompe, nous venons mesurer l'évolution temporelle de la transmission différentielle grâce au faisceau sonde retardé temporellement. A la variation de réflectivité près, la mesure de variation de transmission revient à une mesure de la variation d'absorption. Dans le cas de l'absorption inter-bande (bande de valence-bande de conduction) dans un milieu massif, l'absorption α s'écrit pour des bandes paraboliques isotropes [60] :

2.2. Notre approche : un super-réseau d'In$_{0,509}$Ga$_{0,491}$As/In$_{0,509}$Ga$_{0,491}$As$_{1-x}$N$_x$

$$\alpha(\hbar\omega_s,\rho) = \alpha_0 \sum_v \mu_v^{3/2} C_v(\hbar\omega_s,\rho)\sqrt{\Delta E_s(\rho)}(1 - f_e(k_s^v) - f_v(k_s^v)) \tag{2.5}$$

où la sommation est réalisée sur les bandes des trous lourds et des trous légers pour nos mesures. $\Delta E_s = \hbar\omega_s - E_g(\rho)$ est l'excès d'énergie du photon sonde par rapport à l'énergie de bande interdite $E_g(\rho)$, C_v est le facteur de Sommerfield et μ_v la masse réduite électron-trou pour la bande de valence v. $f_e(k_s^v)$ et $f_v(k_s^v)$ sont les nombres d'occupation des états sondés (électrons et trous de même vecteurs d'onde : $k_s^v = \sqrt{2\mu_v \Delta E_s}/\hbar$). La contribution des excitons, dominante au voisinage du gap, a été négligée ici, de larges excès d'énergies ΔE_s étant considérés.

En tenant compte de la renormalisation du gap et en négligeant le facteur de Sommerfeld (i.e. en le prenant égal à 1), la variation d'absorption $\Delta\alpha$ pour des bandes paraboliques isotropes s'écrit :

$$-\left(\frac{\Delta\alpha}{\alpha}(\hbar\omega s,\rho)\right) = \frac{(f_e(k_s^{hh}) + f_{hh}(k_s^{hh}))\,\mu_{hh}^{3/2} + (f_e(k_s^{lh}) + f_{lh}(k_s^{lh}))\,\mu_{lh}^{3/2}}{\mu_{lh}^{3/2} + \mu_{hh}^{3/2}} \tag{2.6}$$

où μ_{hh} et μ_{lh} sont respectivement les mobilités des trous lourds et des trous légers.

D'après l'équation 2.6, il est possible de voir que la variation d'absorption $\Delta\alpha$ est reliée à la densité d'états des électrons et des trous dans la bande de conduction. Ce résultat n'est pas étonnant puisque pour qu'il y ait création d'une paire électron-trou, il faut qu'il y ait des états disponibles dans la bande de conduction. De la même manière, il est nécessaire que des trous soient disponibles dans la bande de valence pour recombiner avec les électrons qui relaxent depuis la bande de conduction. La densité d'états de la bande de conduction de l'In$_{0,53}$Ga$_{0,47}$As est beaucoup plus faible que celle de la bande de valence (plus d'un ordre de grandeur [59]). Par conséquent, les niveaux d'énergie de la bande de conduction sont saturés bien plus facilement. Les variations d'absorption résultant de la contribuion des électrons, des trous et de la somme des deux contributions dans l'In$_{0,53}$Ga$_{0,47}$As en fonction des excès d'énergies de la sonde par rapport à l'énergie de bande interdite sont tracées à la figure 2.8. Selon l'énergie d'excitation de la pompe, les contributions relatives des électrons et des trous à la saturation d'absorption évoluent. En effet, lorsque ΔEs est inférieur à 0,15 eV, la contribution des électrons domine alors que lorsque ΔEs est supérieur à 0,2 eV, ce sont les trous qui dominent. Entre ces deux énergies, l'absorption est régie par une contribution mixte des trous et des électrons. Dans nos expériences, la longueur d'onde du faisceau optique de sonde est de 1550 nm, $\Delta Es = 0{,}06$ eV, et l'écart d'énergie entre la pompe et la sonde est nul. D'après la figure 2.8, on remarque que ce sont les électrons qui sont principalement responsables de la variation d'absorption optique, l'influence des trous étant estimée à

Chapitre 2. Etude d'un matériau semiconducteur photoconducteur candidat pour la génération/détection THz à partir d'impulsions optiques femtosecondes à la longueur d'onde de 1,55 µm

5% de la variation d'absorption totale. Ainsi la mesure de l'évolution temporelle de l'absorption (ou de la tranmission) va nous donner accès directement à la dynamique de la concentration des électrons dans la bande de conduction. On s'attend en effet à observer une forte influence de la concentration en azote sur la dynamique des électrons car la concentration et la répartition des états localisés présents dans la couche d'$In_{0,509}Ga_{0,491}As_{1-x}N_x$ est très dépendante de la concentration en N. La probabilité de capture et de recombinaison des électrons est alors étroitement liée à la concentration en azote de la couche d'$In_{0,509}Ga_{0,491}As_{1-x}N_x$.

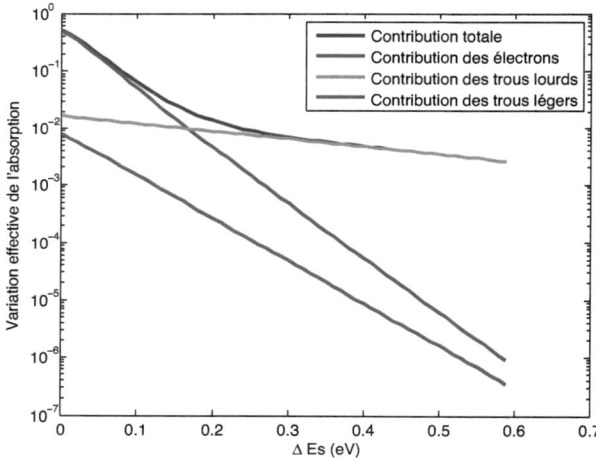

FIGURE 2.8: Variation du changement d'absorption dans l'$In_{0,53}Ga_{0,47}As$ en fonction l'excès d'énergie de la sonde.

Résultats expérimentaux Dans un premier temps, nous avons étudié l'influence de la concentration en azote dans les plans d'$In_{0,509}Ga_{0,491}As_{1-x}N_x$ sur la dynamique des photoélectrons. La concentration en N influe directement sur la concentration de la répartition des états localisés présents dans la couche d'$In_{0,509}Ga_{0,491}As_{1-x}N_x$, qui agissent comme des centres de capture et de recombinaison pour les porteurs libres. Sur la figure 2.9 sont présentés les mesures de transmissions différentielles en fonction du délai entre la pompe et la sonde pour différents échantillons possédant des concentrations en azote variables. Pour l'ensemble des mesures présentées sur cette figure, la période du super réseau est fixée à 10 nm.

2.2. Notre approche : un super-réseau d'In$_{0,509}$Ga$_{0,491}$As/In$_{0,509}$Ga$_{0,491}$As$_{1-x}$N$_x$

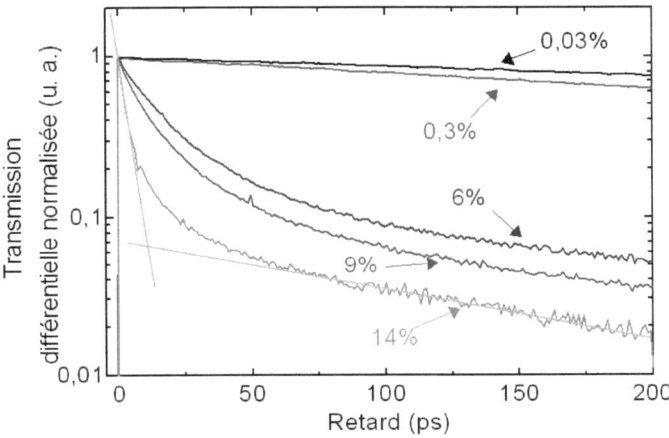

FIGURE 2.9: Transmission différentielle résolue en temps pour des échantillons avec différentes concentrations d'azote dans les couches d'In$_{0,509}$Ga$_{0,491}$As$_{1-x}$N$_x$. Les droites tracées mettent avant que la dynamique de relaxation ne suit pas une loi mono-exponentielle.

La fluence de pompe pour ces mesures a été fixée à 12 μJ/cm^2. On observe une forte accélération de la dynamique de relaxation de la transmission différentielle lorsque la concentration en azote dans la couche d'In$_{0,509}$Ga$_{0,491}$As$_{1-x}$N$_x$ augmente. Pour une concentration de 0,03%, on observe une relaxation lente de l'ordre de la nanoseconde. Ce temps de relaxation est réduit d'un facteur 1000 lorsque la concentration en azote augmente. Ce résultat montre clairement que plus la concentration en azote est importante, plus le temps de relaxation de la transmission différentielle est court. La figure 2.9 montre également que la dynamique de relaxation de la transmission différentielle ne suit pas une loi mono-exponentielle décroissante. En effet, pour les échantillons les plus rapides (avec une concentration en azote de 6 %, 9% et 14%), on observe une dynamique de relaxation caractérisée par deux composantes : une première composante au temps court (<10 ps) et une deuxième composante plus lente pour des délais entre la pompe et la sonde plus importants. L'importance relative des composantes est déterminée en utilisant une loi bi-exponentielle ajustée sur les données expérimentales qui s'écrit telle que : $A_1 \exp\left(-\frac{t}{\tau_1}\right) + A_2 \exp\left(-\frac{t}{\tau_2}\right)$. Les facteurs A_1 et A_2 reflètent ainsi les poids de chaque composante définie respectivement par les temps caractéristiques τ_1 et τ_2. L'ajustement théorique nous indique que A_1 est typiquement compris entre 80 et 85 % de la phototransmittance totale mesurée à un retard nul

Chapitre 2. Etude d'un matériau semiconducteur photoconducteur candidat pour la génération/détection THz à partir d'impulsions optiques femtosecondes à la longueur d'onde de 1,55 µm

entre la pompe et la sonde. On observe également que le rapport A_1/A_2 augmente avec l'augmentation de la concentration en azote. Ainsi à forte concentration en N dans la couche d'$In_{0,509}Ga_{0,491}As_{1-x}N_x$, la contribution de la composante lente devient plus faible. La caractéristique τ_2 semble indépendante de la concentration en N dans la couche d'$In_{0,509}Ga_{0,491}As_{1-x}N_x$. Nous reviendrons un peu plus tard sur l'origine de cette seconde composante lente. Pour la suite, nous avons considéré le temps correspondant à la diminution de $1/e$ du maximum de la transmission différentielle obtenue pour un retard nul. Ce temps caractéristique reflète principalement la dynamique rapide des électrons car A_1/A_2 est supérieur à 0,8 pour quasiment l'ensemble des échantillons. Le temps caractéristique est dénomé τ dans la suite.

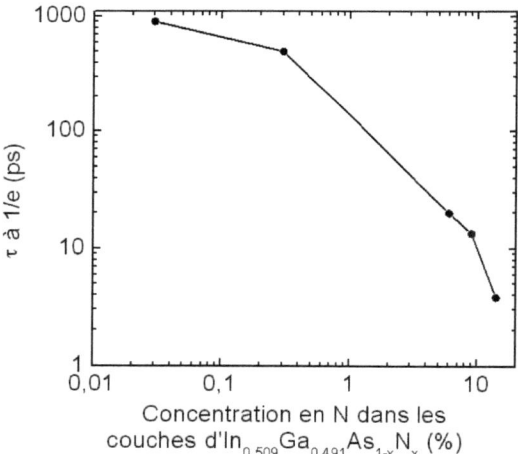

FIGURE 2.10: Evolution du temps de la relaxation de la transmission différentielle mesuré à $1/e$ pour les échantillons de la figure 2.9 en fonction de la concenration en N dans les couches d'$In_{0,509}Ga_{0,491}As_{1-x}N_x$.

La figure 2.10 présente le temps caractéristique τ en fonction de la concentration en azote dans la couche d'$In_{0,509}Ga_{0,491}As_{1-x}N_x$. L'augmentation de la concentration en N de 0,03% à 14% engendre une diminution importante du temps de relaxation τ dont les valeurs évoluent de 900 ps à 3,8 ps. Le temps de vie des électrons τ est ainsi réduit à une valeur aussi courte que 3,8 ps pour une concentration de 14 % ce qui montre que les couches d'$In_{0,509}Ga_{0,491}As_{1-x}N_x$ permettent une évacuation très efficace des porteurs photocréés.

2.2. Notre approche : un super-réseau d'$In_{0,509}Ga_{0,491}As/In_{0,509}Ga_{0,491}As_{1-x}N_x$

Le premier résultat important que l'on montre ici est que le temps τ est très dépendant de la concentration en azote dans la couche d'$In_{0,509}Ga_{0,491}As_{1-x}N_x$. Ainsi le temps τ est en partie gouverné par un processus de capture des photoélectrons dans les pièges d'azote situés dans les couches d'$In_{0,509}Ga_{0,491}As_{1-x}N_x$.

Afin de savoir comment intervient le processus de diffusion des photoporteurs dans la dynamique de relaxation de la transmission différentielle, nous avons mesuré le temps τ pour des échantillons ayant la même concentration globale en azote dans les couches d'$In_{0,509}Ga_{0,491}As_{1-x}N_x$ mais une période de super-réseau différente. La figure 2.11 montre les courbes mesurées. Nous avons considéré trois échantillons qui contiennent chacun 6% d'azote dans les couches d'$In_{0,509}Ga_{0,491}As_{1-x}N_x$ et une période L de 10 mm, 5 mm et 2,5 nm. On observe que la longueur de la période modifie la dynamique de relaxation de la réponse transitoire. La dynamique de relaxation de la transmission différentielle la plus rapide est obtenue avec l'échantillon ayant la période la plus courte, i.e. L=2,5 nm.

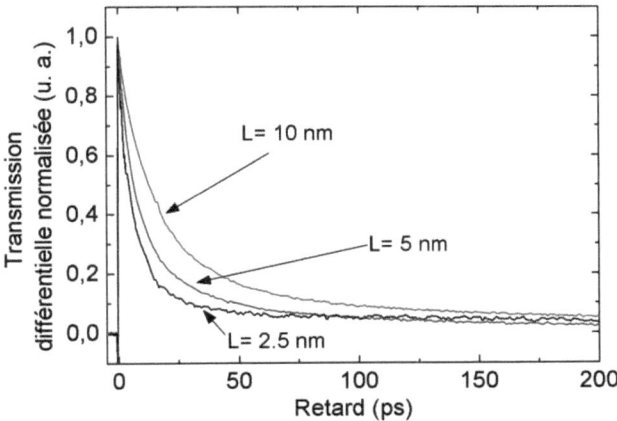

FIGURE 2.11: Transmission différentielle normalisée pour des échantillons contenant 6% d'azote par couche d'$In_{0,509}Ga_{0,491}As_{1-x}N_x$ mais dont la période varie.

Sur la figure 2.12 est présenté le temps de décroissance τ correspondant à une diminution de $1/e$ de la transmission différentielle maximale en fonction de la période L du super réseau pour les 3 échantillons de la figure 2.11. On observe que le temps τ augmente de 6,5 ps à 19,6 ps pour une période augmentée

Chapitre 2. Etude d'un matériau semiconducteur photoconducteur candidat pour la génération/détection THz à partir d'impulsions optiques femtosecondes à la longueur d'onde de 1,55 µm

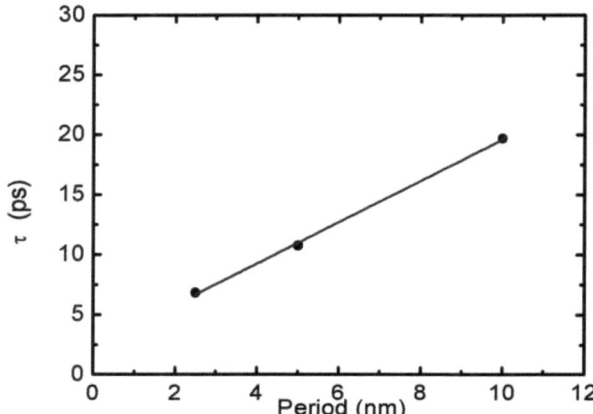

FIGURE 2.12: Constante de temps à $1/e$ de la relaxation de la transmission différentielle en fonction de la période L du super réseau. Les points noirs sont les valeurs mesurées et la ligne en trait plein est un ajustement linéaire.

d'un facteur 4. Ceci montre que τ évolue linéairement avec L (aux incertitudes de mesure près). Pour interpréter ces mesures, décrivons le processus global d'évacuation des photoporteurs. La localisation des défauts dans les plans périodiques de la structure du super-réseau fait que la capture des charges photo-excitées se déroule en deux étapes [35]. Après le passage de l'impulsion optique de pompe, les photoporteurs sont distribués uniformément dans les couches d'$In_{0,509}Ga_{0,491}As$ de forte mobilité. Une diffusion bidirectionnelle des photoporteurs de la couche d'$In_{0,509}Ga_{0,491}As$ vers les couches riches en azote contiguës a lieu le long d'un axe perpendiculaire aux plans. Les photoporteurs sont alors capturés par les pièges liés à l'azote présents dans les couches adjacentes d'$In_{0,509}Ga_{0,491}As_{1-x}N_x$. La diffusion à travers les plans contigus d'$In_{0,509}Ga_{0,491}As_{1-x}N_x$ précède la présence des photoporteurs dans ces couches et leur immobilisation conséquente par capture et recombinaison. La force de diffusion le long de la direction de croissance provient essentiellement du gradient important de densité des photoporteurs au voisinage des plans d'$In_{0,509}Ga_{0,491}As_{1-x}N_x$. Notons que les électrons ont une vitesse thermique supérieure à celle des trous (pour une même température) ce qui a pour conséquence que le coefficient de diffusion des électrons est supérieur à celui des trous. Ainsi, les électrons diffusent plus vite dans le gradient de densité des porteurs existant dans la direction perpendiculaire aux couches

2.2. Notre approche : un super-réseau d'In$_{0,509}$Ga$_{0,491}$As/In$_{0,509}$Ga$_{0,491}$As$_{1-x}$N$_x$

absorbantes. Ce mécanisme de déséquilibre entre les densités des électrons et des trous crée un champ électrique. Le champ électrique a pour effet de ralentir les électrons et d'augmenter la vitesse des trous jusqu'à ce que chacun diffuse à la même vitesse. On peut alors considérer que les deux types de charge diffusent ensemble avec une constante de diffusion ambipolaire. L'expression de la constante de diffusion ambipolaire s'écrit :

$$D^* = \frac{\mu_h D_e + \mu_e D_h}{\mu_h + \mu_e} \quad (2.7)$$

où D_h est le coefficient de diffusion des trous, D_e celui des électrons et μ_h et μ_e sont respectivement la mobilité des trous et des électrons.

Dans le matériau d'In$_{0,53}$Ga$_{0,47}$As intrinsèque le coefficient de diffusion pour les électrons est de 300 cm^{2}s^{-1} et celui des trous de 7,5 cm^{2}s^{-1}. On en déduit un coefficient ambipolaire de 15 cm^{2}s^{-1}.

Nous pouvons déduire le temps de diffusion des électrons qui est défini par [35] :

$$\tau_{diffusion} = \frac{L^2}{\pi^2 D^*} \quad (2.8)$$

où D^* est la constante de temps ambipolaire et L la période du super-réseau. D'après l'expression 2.8, nous calculons un temps de diffusion inférieur à 1 ps pour toutes les périodes que nous avons considérées précédemment. Compte tenu des temps caractéristiques mesurés supérieurs à quelques picosecondes, nous en déduisons que le temps de diffusion n'est pas le facteur limitant. Cette conlusion est confirmée par l'évolution linéaire de τ avec la période L. En effet, d'après l'équation 2.8, si le temps τ était limité essentiellement par la diffusion des photoporteurs de leur emplacement de création vers la couche riche en azote, l'évolution de τ avec L suivrait une loi quadratique.

Si l'on considère la théorie de Shockley-Read-Hall, le temps de recombinaison des électrons est proportionnel à l'inverse du nombre de sites de capture par unité de longueur, c'est-à-dire proportionnel à L dans notre cas. En effet, l'azote présent dans la couche d'In$_{0,509}$Ga$_{0,491}$As$_{1-x}$N$_x$ ajoute des niveaux d'états localisés. Ces états localisés sont autant de défauts capables de piéger les photoporteurs avant qu'ils ne se recombinent. Sur la figure 2.12, on observe que le temps τ est proportionnel à L, et non L^2. Le temps de relaxation de la transmission différentielle semble donc essentiellement limité par le temps de capture et de recombinaison dans les pièges d'azote. Le résultat important qui ressort de ces mesures est que le temps à $1/e$ qui reflète essentiellement le temps caractéristique de la composante rapide de la relaxation de la transmission différentielle, est gourverné par les mécanismes de capture et de recombinaison des photoporteurs et peut-être réduit à 3,8 ps. Remarquons que d'après la figure 2.12,

Chapitre 2. Etude d'un matériau semiconducteur photoconducteur candidat pour la génération/détection THz à partir d'impulsions optiques femtosecondes à la longueur d'onde de 1,55 µm

le temps à $1/e$ attendu lorsque L tend vers zéro est $\sim$2,5 ps pour un échantillon contenant 6% d'azote dans les couches d'$In_{0,509}Ga_{0,491}As_{1-x}N_x$.

Pour comprendre l'origine de la composante lente de la relaxation de la transmission différentielle, nous avons réalisé des mesures de transmissions différentielles pour différentes fluences de pompe incidente sur un échantillon composé de 6% d'azote dans les couches d'$In_{0,509}Ga_{0,491}As_{1-x}N_x$ et d'une période de 2,5 nm. Les courbes correspondant à cette mesure sont présentées sur la figure 2.13. Les mesures mettent clairement en évidence les deux composantes qui gouvernent la décroissance de la transmission différentielle : une première rapide dans les premières dizaines de picosecondes et une seconde, beaucoup plus lente, sur une plage temporelle plus étendue.

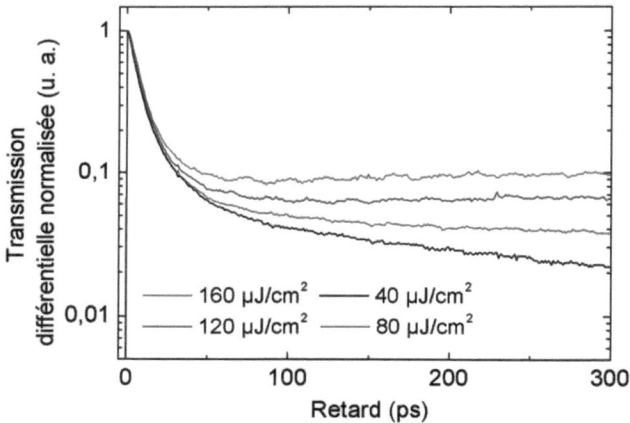

FIGURE 2.13: Transmission différentielle normalisée en fonction du retard pour différentes fluences incidentes sur l'échantillon 8CP76.

On remarque que la composante rapide est indépendante de la fluence de pompe. Ainsi, le temps caractéristique résultant des processus de capture des photoporteurs est constant pour des valeurs de fluence de pompe allant de 40 à 160 $\mu J/cm^2$. Cette observation nous suggère que la décroissance rapide implique la capture des photoporteurs par des centres profonds qui ne sont pas saturés aux fluences considérés dans notre expérience. Ces pièges sont certainement des centres profonds dérivés des configurations des multiplets d'azote [52]. Cette caractéristique est très prometteuse pour des

2.2. Notre approche : un super-réseau d'In$_{0,509}$Ga$_{0,491}$As/In$_{0,509}$Ga$_{0,491}$As$_{1-x}$N$_x$

applications dans la mesure où la rapidité d'un dispositif utilisant une telle couche active sera préservée même pour des fortes fluences incidentes. De plus, l'amplitude de la composante rapide reste supérieure à 85% de l'amplitude totale quelque soit la fluence optique incidente. Cette tendance met en évidence que la composante lente n'est pas la conséquence de la saturation des pièges d'azote ayant participés au processus de capture des photoporteurs décrit précédemment qui intervient dans la composante rapide de la transmission différentielle. En effet, pour des fluences importantes, s'il s'agissait d'un tel processus, la saturation de ces pièges réduirait significativement l'amplitude de la composante rapide au bénéfice de la composante lente. D'un autre côté, la composante lente de la relaxation de la transmission différentielle augmente disctinctement avec l'augmentation de la fluence et sature à forte fluence. Avec une fluence de 160 μJ/cm^2, une légère montée peut même être observée à un délai supérieur à 100 ps. Nous avons vu que les temps caractéristiques observés dans la composante rapide de la relaxation de la transmission différentielle sont attribués à des processus de capture impliquant différents niveaux d'états localisés [31] appartenant *a priori* à des centres profonds qui ne sont pas saturés aux fluences considérées dans notre expérience. L'augmentation du temps caractéristique de la composante lente avec la fluence peut résulter d'un mécanisme de capture des photoporteurs par des défauts dans ce cas peu profonds (EL) dont les états sont faiblement localisés (fig. 2.14).

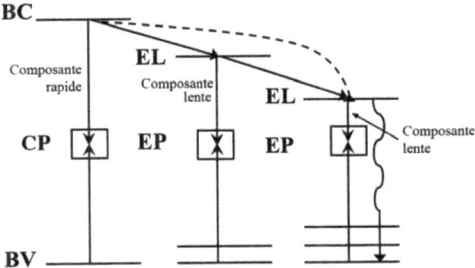

FIGURE 2.14: Schéma de la recombinaison en cascade. BC et BV : bande de conduction et bande de valence, EL : états localisés, CP : centres profonds, EP : états profonds.

En effet, la distribution aléatoire d'azote dans les couches d'In$_{0,509}$Ga$_{0,491}$As$_{1-x}$N$_x$ peut conduire à des fluctuations spatiales du potentiel électronique [13] ce qui a pour conséquence de créer des états faiblement localisés (EL) et des états plus localisés (EP) dans la bande de conduction en plus des défauts profonds (CP) considérés précédement. Les états faiblement localisés sont des pièges efficaces mais des centres de recombinaison lents pour les photoporteurs. La composante lente serait alors li-

Chapitre 2. Etude d'un matériau semiconducteur photoconducteur candidat pour la génération/détection THz à partir d'impulsions optiques femtosecondes à la longueur d'onde de 1,55 µm

mitée par le temps de vidage de ces pièges. Pour une fluence assez importante, quand la densité de photoporteurs excède la densité disponible de ces pièges peu localisés (EL), ils saturent. Les porteurs supplémentaires sont alors relaxés vers les états plus localisés (EP). Les états plus localisés (EP) ont un temps de vidage lent ce qui expliquerait la légère montée observée à forte fluence. En effet, les porteurs photocréés piégés dans les états plus localisés peuvent induire une absorption à des délais importants ce qui se traduira par une augmentation du temps caractéristique de la composante lente ainsi qu'une augmentation de la transmission différentielle (légère montée).

Nous venons de montrer que grâce à notre approche de type super-réseau, il est possible d'obtenir un matériau photoconducteur avec un temps de vie des électrons de 3,8 ps. Ce temps est ajustable par la concentration d'azote dans les plans azotés ou par l'épaisseur de la période du super-réseau. Cependant, pour l'application que nous visons, à savoir la génération/détection de rayonnement THz, il est nécessaire de diminuer encore le temps de vie des porteurs dans ce matériau. L'idée est donc soit de diminuer la période du super-réseau soit d'augmenter la concentration en azote dans les couches d'$In_{0,509}Ga_{0,491}As_{1-x}N_x$. Diminuer la période du super réseau n'est pas envisageable car une épaisseur minimale de 2,5 nm d'$In_{0,509}Ga_{0,491}As$ est nécessaire pour retrouver une contrainte épitaxiale satisfaisante afin de faire croître un nouveau plan d'$In_{0,509}Ga_{0,491}As_{1-x}N_x$. La seconde solution consiste à augmenter la concentration en azote des plans azotés. Néanmoins, avec une concentration de 14% d'azote dans les couches d'$In_{0,509}Ga_{0,491}As_{1-x}N_x$, la limite de concentration en azote par couche est atteinte pour rester dans une croissance 2D. En effet, lorsque la concentration d'azote devient importante, la contrainte à l'interface du super réseau entre les couches d'$In_{0,509}Ga_{0,401}As$ et les couches d'$In_{0,509}Ga_{0,491}As_{1-x}N_x$ empêche d'augmenter la concentration. Afin de dépasser cette limite, nous avons envisagé l'ajout d'antimoine pour préserver la qualité cristallographique des couches d'$In_{0,509}Ga_{0,491}As_{1-x}N_x$ tout en augmentant la concentration en azote [75]. En effet, l'antimoine étend la croissance 2D pseudomorphique de l'alliage contraint et retarde l'apparition de dislocations au-delà de l'épaisseur critique standard [64]. Un premier essai a été effectué qui consiste en une couche riche en N d'$In_{0,509}Ga_{0,491}As_{1-x}N_xSb$ et dont la période est de 2,5 mm. La concentration en azote a ainsi pu être augmentée. La mesure de transmission différentielle d'un tel échantillon d'$In_{0,509}Ga_{0,491}As/d'In_{0,509}Ga_{0,491}As_{1-x}N_xSb$ est présentée figure 2.15. Le temps caractéristique τ à $1/e$ est égal à 2,2 ps. La concentration en azote n'a pas pu être déterminée précisément. Néanmoins, cet échantillon possède un temps de vie des électrons très court et des croissances supplémentaires sont prévues pour explorer cette voie.

2.2. Notre approche : un super-réseau d'In$_{0,509}$Ga$_{0,491}$As/In$_{0,509}$Ga$_{0,491}$As$_{1-x}$N$_x$

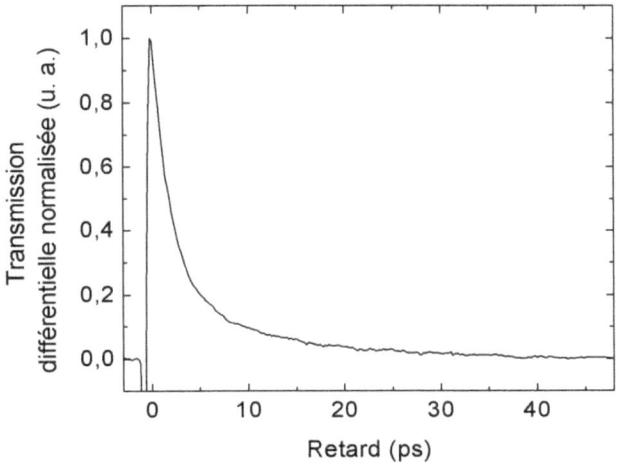

FIGURE 2.15: Transmission différentielle normalisée pour l'échantillon d'In$_{0,509}$Ga$_{0,491}$As$_{1-x}$N$_x$Sb. La période du super-réseau est de 2,5 nm.

Dans cette partie du manuscrit, nous avons réalisé la croissance de structures de type super-réseau d'In$_{0,509}$Ga$_{0,491}$As/In$_{0,509}$Ga$_{0,491}$As$_{1-x}$N$_x$. Grâce à cette structure alternant plans d'In$_{0,509}$Ga$_{0,491}$As de forte mobilité et plans d'In$_{0,509}$Ga$_{0,491}$As$_{1-x}$N$_x$ jouant le rôle de pièges, nous avons réussi à obtenir un matériau au temps de vie des électrons court, réduit à un temps de 3,8 ps. Nous avons montré que ce temps de vie des porteurs est dépendant de la concentration en azote et de la période du super-réseau. Une discussion sur les différents niveaux d'énergies impliqués dans les processus de capture et de recombinaison a été présentée.

2.2.3 Caractéristiques électriques

Nous avons étudié les propriétés optiques des super-réseaux d'In$_{0,509}$Ga$_{0,491}$As/In$_{0,509}$Ga$_{0,491}$As$_{1-x}$N$_x$ avec la perspective d'exploiter ce matériau pour réaliser des dispositifs optoélectroniques THz, tels que des antennes photoconductrices. Pour obtenir de bonnes performances THz, il est nécessaire que ce matériau original possède également de bonnes propriétés électriques telles qu'une bonne mobilité ainsi

Chapitre 2. Etude d'un matériau semiconducteur photoconducteur candidat pour la génération/détection THz à partir d'impulsions optiques femtosecondes à la longueur d'onde de 1,55 µm

qu'une résistance d'obscurité élevée. Il est donc important d'étudier les propriétés électriques de ces structures. Ainsi, nous avons effectué des mesures d'effet Hall par la méthode de Van der Pauw au LPN en collaboration avec Jean-Christophe Harmand.

La mesure de Hall consiste à appliquer à un matériau conducteur parcouru par un courant, un champ magnétique perpendiculaire à ce courant. Il apparaît alors un champ électrique perpendiculaire à la direction du transport et au champ magnétique. La mesure de la différence de potentiel (tension de Hall) correspondant à ce champ électrique permet de remonter à la concentration en porteurs de charge résiduel ainsi qu'au signe de la charge de ces porteurs. En combinant cette mesure à une mesure de résistivité, on peut aussi déterminer leur mobilité.

Signalons que les mesures par effet Hall sont des mesures statiques. En effet, la mesure de mobilié par la méthode de Van der Pauw donne la mobilité de Hall, mesure du moyennage dans le temps des contributions des électrons et des trous. En réalité, la mobilité des électrons photocréés dans un matériau possédant de nombreux pièges n'atteint pas sa valeur stationnaire pendant la durée de vie de l'électron [58]. Pour avoir une mesure réelle de la mobilité des photoélectrons dans un matériaux photoconducteur au temps de vie des porteurs court, il n'est pas judicieux de considérer uniquement la mobilité de Hall. Plutôt que de mesurer les caractéristiques du matériau dans son état d'équilibre, il est plus approprié de sonder les états transitoires. Sonder ces états transitoires permet de déterminer les propriétés électriques effectives du matériau lors de son utilisation en tant que matériau photoconducteur ultra-rapide puisque, rappelons-le, la génération de THz se fait grâce à un transitoire de courant. Pour déterminer ces valeurs, il est possible de sonder la transmission du matériau à l'aide d'une mesure pompe optique-sonde THz. Il est prévu dans un futur proche de déterminer les mobilités tansitoires du super réseau d'$In_{0,509}Ga_{0,491}As/In_{0,509}Ga_{0,491}As_{1-x}N_x$ par une telle technique. Notons également que ce type de mesure est sans contact, permettant d'être très peu pertubatrice contrairement à la mesure par effet Hall. Néanmoins, les mesures électriques statiques donnent de précieuses informations notamment sur la diffusion des porteurs sur les défauts.

Résultats expérimentaux Afin d'extraire des données quantitatives sur la concentration de porteurs résiduels et sur leur mobilité, nous avons tout d'abord retiré la couche d'encapsulation d'InP car elle impacte les mesures de façon non négligeable. Effectivement, l'épaisseur de la couche d'encapsulation n'est que deux fois moins épaisse que le super-réseau lui-même. Or, lors d'une mesure, la diffusion du courant se fait dans l'ensemble de l'échantillon et non uniquement dans le super-réseau. Ainsi plusieurs mesures ont effectuées pour déterminer les paramètres de chaque couche des échantillons. Entre chaque

2.2. Notre approche : un super-réseau d'In$_{0,509}$Ga$_{0,491}$As/In$_{0,509}$Ga$_{0,491}$As$_{1-x}$N$_x$

mesure, une partie de l'échantillon est attaquée chimiquement :

- une première mesure est effectuée directement sur la couche d'encapsulation de l'échantillon
- la couche d'encapsulation est ensuite retirée par attaque chimique dans une solution sélective de HCl(1) H$_3$PO$_4$(1). Cette solution a une vitesse de gravure de 3000 nm/min sur l'InP et une vitesse de gravure inférieure à 10 nm/min sur l'In$_{1-x}$Ga$_x$As. Une seconde mesure de Hall est ensuite effectuée sur l'échantillon
- le super réseau d'In$_{0,509}$Ga$_{0,491}$As/In$_{0,509}$Ga$_{0,491}$As$_{1-x}$N$_x$ est ensuite retiré en plongeant l'échantillon 1 min 30 dans une solution de C$_6$H$_8$O$_7$(1) H$_2$O$_2$ (7) qui a une vitesse de gravure de 142 nm/min sur l'InGaAs et une vitesse de gravure de 0,4 nm/min sur l'InP. L'échantillon obtenu est alors composé uniquement du substrat et de la couche tampon, une troisième mesure de Hall est effectuée
- pour finir, l'échantillon est plongé 1 min dans une solution d'HCl afin d'enlever la couche tampon

Les échantillons sont constitués de plusieurs couches, autrement dit, il s'agit d'un système multicouches. Pour déterminer les propriétés individuelles de chacune des couches de l'échantillon, nous avons appliqué un modèle qui permet d'obtenir les mobilités de chaque couche d'un système multi-couche. A partir des mesures brutes, nous avons donc pu déduire les mobilités et les concentrations de chacune des couches. Le pincipe du modèle et les résultats sont énoncés dans la suite mais pour plus de détails, le lecteur pourra se reporter à la référence [32] d'où est extraite le modèle.

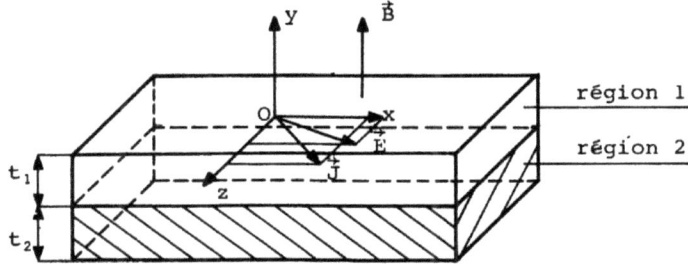

FIGURE 2.16: Echantillon bicouche (régions 1 et 2) dans lequel sont définis pour chacune des couches : $\vec{E}(E_x, 0, E_z)$ champ électrique, $\vec{B}(0, B_y, 0)$ champ magnétique, $\vec{j}(j_x, 0, j_z)$ densité de courant, t_1 épaisseur de la région 1 et t_2 épaisseur de la région 2. Figure extraite de la référence [32].

Chapitre 2. Etude d'un matériau semiconducteur photoconducteur candidat pour la génération/détection THz à partir d'impulsions optiques femtosecondes à la longueur d'onde de 1,55 µm

Si l'on considère un matériau bi-couche avec les définitions énoncées sur la figure 2.16, dont chaque couche est supposée homogène et isotrope, on défini :

$$\sigma = \frac{\lambda}{1+\lambda}\sigma_1 + \frac{1}{1+\lambda}\sigma_2 \quad \text{et} \quad \mu_H = \frac{\lambda\sigma_1\mu_{H1} + \sigma_2\mu_{H2}}{\lambda\sigma_1 + \sigma_2}$$

où $\lambda = t_1/t_2$ est le facteur géométrique exprimant l'importance relative de la région 1 sur la région 2, σ_i la conductivité de la couche i, σ la conductivité équivalente de l'échantillon, μ_{Hi} la mobilité dans la couche i et μ_H la mobilité de Hall équivalente de l'échantillon. Sachant que les conductivités de chacune des couches i sont reliées aux mobilités μ_i et aux densités de porteurs n_i par la relation $\sigma_i = |q|\mu_i n_i$ où q est la charge de l'électron, il est possible de remonter aux propriétés des couches individuelles. Notons que cette méthode s'applique à un matériau transversalement inhomogène, dont on fait l'hypothèse que l'inhomogénéité est suffisament abrupte pour donner lieu à l'apparition de deux couches fictives dans l'épaisseur du film, dont les propriétés sont très différentes. Les résultats déduits par le calcul des mesures de Hall sont reportées dans le tableau 2.4.

Echantillon	Concentration en N dans les plans $In_{0,509}Ga_{0,491}As_{1-x}N_x$	Conductivité $(\Omega.cm)^{-1}$	Résistivité $(\Omega.cm)$	Mobilité $(cm^2/(V.s.))$	Concentration (cm^{-3})
77M14	0,3 %	2,5	0,4	4300	3,6E+15
7BM96	9 %	1,41	0,71	1330	6,6E+15

TABLE 2.4: Paramètres électriques calculés à partir des mesures de Hall.

Les mesures que nous avons réalisées ne concernent que deux échantillons possédant tous deux une période de 10 nm. Nous n'avons pu réaliser de mesures sur d'autres échantillons puisqu'ils avaient été épitaxiés sur un subtrat dopé n. De nouvelles structures épitaxiées sur un substrat semi-isolant sont en cours de croissance pour compléter ces mesures des paramètres électriques.

La mobilité des électrons dans l'$In_{x-1}Ga_xAs$ à 300 K répond à la formule suivante :

$$\left(40 - 80,7x + 49,2x^2\right) \cdot 10^3 \tag{2.9}$$

Dans l'$In_{0,509}Ga_{0,401}As$, la mobilité calculée des électrons est de 8600 $cm^2V^{-1}s^{-1}$.

D'après le tableau 2.4, une mobilité de 4300 $cm^2V^{-1}s^{-1}$ est obtenue pour une concentration en azote de 0,3 % et une mobilité de 1330 $cm^2V^{-1}s^{-1}$ pour une concentration de 9 % en azote dans les plans d'$In_{0,509}Ga_{0,491}As_{1-x}N_x$. Lorsque l'on réduit le temps de vie des électrons de 400 ps à 10, 2 ps, soit un facteur 40, en augmentant la concentration en azote de 0,3 % à 9 % dans les plans d'In$_{0,509}$Ga$_{0,491}$As$_{1-x}$N$_x$, la mobilité n'est réduite que d'un facteur 3,2.

La concentration en porteurs résiduels augmente de $3{,}6\times10^{15}$ à $6{,}6\times10^{15}$ lorsque l'on augmente la concentration d'azote de 0,3 % à 9 %. Ainsi une réduction du temps de vie des électrons d'un facteur 40, ne multiplie la concentration en porteurs résiduels que d'un facteur 1,8.

Il est difficile de tirer de fortes conclusions sur des mesures réalisées sur seulement deux échantillons, mais il est intéressant de voir que l'ajout des plans azotés diminue la mobilité. Les résultats ouvrent des perspectives intéressantes mais nécessitent des études complémentaires.

2.3 Conclusion

L'objectif de ce deuxième chapitre est de proposer une structure photoconductrice absorbante à la longueur d'onde télécom qui associe des temps de vie des porteurs de l'ordre de la picoseconde et de relativement bonnes propriétés électriques. La structure orignale que nous proposons est constituée de plans d'In$_{0,509}$Ga$_{0,491}$As épais de forte mobilité et de plans d'In$_{0,509}$Ga$_{0,491}$As$_{1-x}$N$_x$ d'une épaisseur de quelques mono-couches. Nous avons présenté dans un premier temps ses propriétés optiques. Des temps de vie des électrons de 3,8 ps sont mesurés. Nous avons également expliqué les phénomènes impliqués dans les mécanismes de capture et de recombinaison des photo-électrons dans la structure. Les paires électrons-trous sont créées dans la couche de forte mobilité d'In$_{0,509}$Ga$_{0,491}$As puis diffusent vers les couches de défauts d'In$_{0,509}$Ga$_{0,491}$As$_{1-x}$N$_x$ dans lesquelles elles sont capturées puis recombinées grâce aux états localisés situés plus ou moins profondément dans la bande interdite. Les propriétés électriques de deux structures ont également été mesurées montrant une réduction moindre de la mobilité des photo-électrons.

Des optimisations de ces structures originales sont en cours et la réalisation prochaine d'une antenne photoconductrice à base d'In$_{0,509}$Ga$_{0,491}$As/d'In$_{0,509}$Ga$_{0,491}$As$_{1-x}$N$_x$ est prévue afin d'étudier le rayonnement THz qu'elles pourraient délivrer.

3 Génération et détection de rayonnement impulsionnel THz

C'est en 1984 qu'Auston et al. ont généré pour la première fois des impulsions électromagnétiques dans le domaine des fréquences THz à partir d'une antenne photoconductrice [2]. Cette expérience a été permise notamment grâce à l'avènement des lasers femtosecondes dans les années 80. A l'heure actuelle, une des applications pincipales de ces impulsions THz est la spectroscopie dans le domaine temporel (Time Domain Spectroscpy - TDS). En effet, la spectrocopie THz dans le domaine temporel est très utilisée car de nombreux éléments possèdent des signatures spécifiques dans le domaine THz, gamme de fréquences peu accessible auparavant. Ce sont principalement les rotations de molécules sous forme gazeuse, les vibrations de l'ensemble d'une molécule, l'alignement des dipôles dans les liquides formés de molécules polaires (comme l'eau), les excitations collectives (phonons optiques) dans les cristaux, l'excitation des porteurs libres dans les métaux et les semi-conducteurs dopés. La spectroscopie THz dans le domaine temporel exploite des impulsions électromagnétiques ultrabrèves d'une durée typique de l'ordre de quelques centaines de femtosecondes et dont le spectre associé couvre par conséquent une gamme importante de fréquences THz. Ces impulsions sont générées en espace libre puis sont focalisées sur un échantillon à caractériser. On détecte ensuite de manière cohérente par échantillonnage en temps équivalent l'impulsion transmise (ou réfléchie) à travers le matériau. Le principal avantage de la spectrocopie THz dans le domaine temporel réside dans le fait qu'avec une seule mesure, il est possible de déterminer l'indice de réfraction et le coefficient d'absorption de l'échantillon étudié et ce, sur une très large gamme de fréquences.

Il existe d'autres techniques de spectroscopie dans le domaine des fréquences THz. Nous pouvons citer par exemple la spectroscopie THz qui exploite des ondes continues cohérentes. La génération de telles ondes se fait généralement par photomélange à l'aide de deux lasers continus dont on règle les fréquences afin que leur différence se situe dans la gamme de fréquence THz. L'avantage de ce type de spectroscopie est sa résolution fréquentielle qui peut atteindre quelques kiloHertz, valeur très inférieure à la résolution fréquentielle des systèmes de spectroscopie dans le domaine temporel qui est de l'ordre de quelques GHz. Cependant, pour obtenir une analyse fréquentielle sur une très large gamme de fréquences, il est nécessaire de balayer toutes les fréquences une par une. Cette méthode nécessite donc un temps d'acquisition long. La technique de la spectroscopie infrarouge à transformée de Fourier (Fourier Transform InfraRed spectroscopy - FTIR spectroscopy) qui utilise des ondes continues incohérentes est très répandue. La spectrocopie FTIR est basée sur une mesure de type interférométrique. Les mesures utilisant cette technique sont peu nombreuses car il est difficile d'atteindre des fréquences inférieures à 1 THz avec les spectromètres FTIR conventionnels ; les performances des sources et détecteurs thermiques dans cette plage de fréquence sont médiocres. La spectroscopie Raman est quant à elle très utilisée mais des désaccords importants existent sur les identifications des bandes d'absorption. Ces désaccords sont essentiellement dus à l'application de procédures d'ajustement complexes pour extraire de faibles contributions au pic principal de la diffusion élastique.

Un banc typique de TDS en transmission est présenté figure 3.1. Le faisceau délivré par un laser impulsionnel est séparé en deux. Une première partie du faisceau optique - le faisceau de pompe - excite l'émetteur THz. L'autre partie du faisceau optique - le faisceau de sonde - vient quant à lui déclencher le détecteur. Les deux faisceaux optiques servant à exciter l'émetteur et à déclencher le détecteur sont dérivés de la même impulsion laser ce qui permet de minimiser la gigue temporelle de la mesure. Deux miroirs paraboliques sont utilisés pour focaliser le faisceau THz émis sur un échantillon à caractériser. Deux autres miroirs paraboliques sont placés à la suite et permettent de focaliser le signal THz sur le détecteur. Une ligne à retard est placée sur le trajet du faisceau de sonde afin de faire varier le retard entre l'impulsion THz et le faisceau optique de sonde incident sur le détecteur. Cette variation du retard permet de réaliser un échantillonnage en temps équivalent de l'impulsion THz incident sur le détecteur. Le principe de ce type de détection est schématisé figure 3.2.

Les émetteurs THz utilisés dans les systèmes de TDS sont nombreux aujourd'hui et exploitent des phénomènes physiques variés : l'émission de surface, la photoconduction ultra-rapide, le redressement optique, les oscillations de Bloch. Les antennes photoconductrices qui mettent en jeu la photoconduction rapide sont les plus utilisées car elles sont simples à mettre en oeuvre. En effet, elles ne nécessitent pas de fortes puissances optiques d'excitation, ni de refroidissement à basse température. Cependant leur rayonnement est très divergent. C'est pourquoi on utilise une lentille de silicium haute résistivité plaquée sur la face arrière de ces antennes. Cette lentille permet notamment de limiter la divergence du faisceau THz. Elle permet également de rendre le substrat quasi infini afin de maximiser l'extraction du signal rayonné par l'antenne.

Chapitre 3. Génération et détection de rayonnement impulsionnel THz

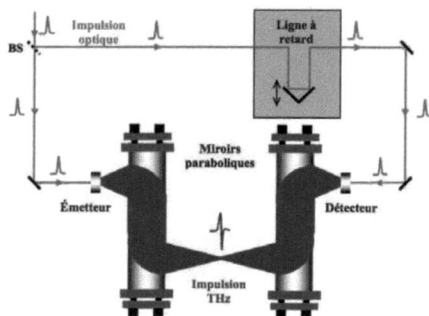

FIGURE 3.1: Schéma de principe d'une expérience de spectroscopie dans le domaine temporel (d'après [21]).

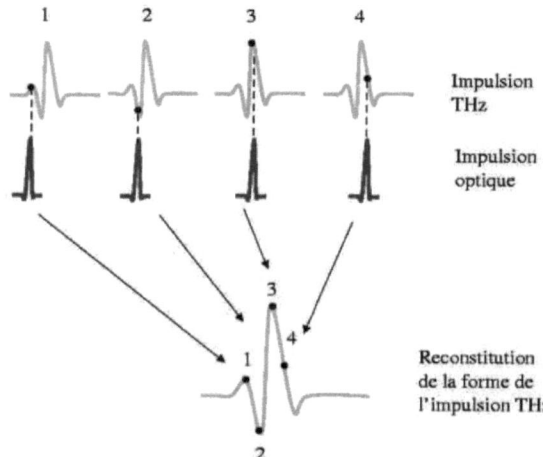

FIGURE 3.2: Reconstitution d'un signal impulsionnel périodique par échantillonnage en temps équivalent.

Il existe également une grande variété de détecteurs THz utilisés dans les systèmes de TDS. Parmi eux, les antennes photoconductrices possèdent une sensibilité très élevée. En revanche, le temps de vie fini des porteurs dans le matériau photoconducteur entraîne une distorsion du signal THz détecté, induite par un effet d'intégration. En outre, les petites dimensions de l'antenne photoconductrice rendent difficile la détection des basses fréquences. Pour minimiser cet effet, une lentille en silicium haute résistivité est placée en amont de l'antenne photoconductrice de détection.

Les cristaux électro-optiques sont également très utilisés comme détecteurs THz dans les systèmes de TDS. Il s'agit d'exploiter l'effet Pockels, effet non-linéaire du deuxième ordre [90]. La détection électro-optique est particulièrement attirante car l'effet électro-optique est quasi-instantané. Ainsi la détection électro-optique offre une réponse plate sur une bande de fréquences très étendue. En outre, l'utilisation d'un cristal électro-optique en détection permet de s'affranchir des étapes technologiques nécessaires à la fabrication d'une antenne photo-conductrice. La détection dans un cristal électro-optique ne nécessite pas l'usage d'une la lentille de silicium haute résistivité, lentille qui présente des pertes (principalement liées au coefficient de réflexion (Fresnel)) dans la gamme de fréquence THz et dont le positionnement est très sensible.

Ainsi, la majorité des systèmes actuels de TDS utilisent des antennes photoconductrices pour l'émission des impulsions électromagnétiques THz et des antennes photoconductrices ou des cristaux électro-optiques pour leur détection. Les antennes photoconductrices les plus performantes sont à base de GaAs-BT. Le GaAs-BT est un matériau semi-conducteur qui associe temps de vie des porteurs sub-picoseconde et de bonnes propriétés électriques. De part la position spectrale de l'énergie de la bande interdite du GaAs, la longueur d'onde des impulsions optiques excitatrices se situe autour de 800 nm. Cette longueur d'onde des impulsions optiques impose le choix d'un cristal électro-optique qui possède une longueur de cohérence élevée à la longueur d'onde de 800 nm. Ainsi le cristal de ZnTe s'est imposé comme le cristal de référence car il possède un coefficient électro-optique élevé de 4,8 pm/V et une longueur de cohérence à 2 THz de 2,7 mm à la longueur d'onde de 800 nm. Les systèmes de TDS actuels qui utilisent des impulsions femtosecondes dont la longueur d'onde centrale est 800 nm sont capables de générer et de détecter des impulsions THz ayant une largeur à mi-hauteur de quelques dizaines de femtosecondes. Des fréquences jusqu'à une vingtaine de THz ont été détectées avec une dynamique d'une quarantaine de dB [100]. Cependant la contrainte apportée par l'usage d'impulsions optiques femtosecondes de longueur d'onde 800 nm est la nécessité d'avoir recours à des lasers solides de type Ti:Sa. Ces lasers sont chers et encombrants. Afin de permettre la diffusion et le dévelope-

Chapitre 3. Génération et détection de rayonnement impulsionnel THz

ment des systèmes de spectroscopie THz dans le domaine temporel, l'utilisation d'impulsions optiques aux longueurs d'ondes télécoms autour de 1,55 μm s'avère incontournable. En effet, à ces longueurs d'ondes, il existe des lasers à fibre dopée Erbium qui sont compacts, peu chers et simple d'utilisation. Cette longueur d'onde centrale des faisceaux optiques d'excitation permet également d'accéder à la technologie fibrée, technologie indispensable pour la perspective de réaliser des systèmes portables.

C'est dans ce contexte que nous allons dans cette partie nous intéresser à la génération et détection d'impulsions THz ainsi qu'à la réalisation d'un système de TDS utilisant des impulsions optiques femtosecondes dont la longueur d'onde centrale est 1,55 μm.

3.1 Les systèmes de spectroscopie THz dans le domaine temporel utilisant des impulsions optiques femtosecondes dont la longueur d'onde centrale est λ=1550 nm

La génération et la détection de rayonnement THz utilisant des impulsions optiques aux longueurs d'ondes télécoms nécessitent le développement d'émetteurs et de détecteurs originaux dont les performances sont optimisées pour ces longueurs d'ondes d'excitation. Précisons tout d'abord que les performances en terme de fréquences détectées des systèmes de spectroscopie THz sont usuellement définies par la bande de détectivité définie pour la plus haute fréquence détectable et non en terme de bande passante à -3 dB.

Parmi les systèmes de TDS rapportés dans la littérature, celui proposé par Sartorius et al. [94] s'articule autour d'un laser à fibre dopée Erbium qui délivre des impulsions femtosecondes autour de 1550 nm et de deux antennes photoconductrices servant à l'émission et à la détection des impulsions THz. Le matériau photoconducteur utilisé pour les antennes photoconductrices est un empilement périodique d'InGaAs:Be et d'InAlAs sur une épaisseur totale de 1,2 μm. La largeur à mi-hauteur de l'impulsion détectée est de 750 fs et le spectre correspondant est présenté figure 3.3. Il montre des fréquences allant jusqu'à 2,5 THz. La dynamique maximale est obtenue entre 0,3 et 0,7 THz et est de l'ordre de la cinquantaine de dB.

Suzuki et al. ont également réalisé un système de TDS basé sur des antennes photoconductrices pour l'émission et la détection des impulsions THz dont le matériau photoconducteur est de l'$In_{0,53}Ga_{0,47}As$ implanté aux ions Fe [106]. L'excitation optique de ces antennes photoconductrices se fait à l'aide d'un

3.1. Les systèmes de spectroscopie THz dans le domaine temporel utilisant des impulsions optiques femtosecondes dont la longueur d'onde centrale est $\lambda=1550$ nm

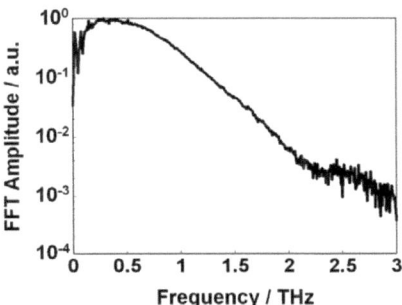

FIGURE 3.3: Spectre du système de spectroscopie dans le domaine temporel entièrement fibré développé par Sartorius et al. Figure extraite de la référence [94].

laser à fibre dopée Erbium qui délivre des impulsions optiques de 200 fs de durée et dont la longueur d'onde centrale est $\lambda=1,56$ μm. Le spectre de l'impulsion THz montre des fréquences jusqu'à plus de 2 THz. La dynamique maximale du spectre est de l'ordre de 40 dB.

De façon générale, la détection à l'aide d'une antenne photoconductrice montre des performances limitées en terme de bande passante. En effet, l'utilisation de telles antennes implique que les impulsions THz traversent d'une part le substrat sur lequel est épitaxié le matériau photoconducteur et d'autre part les lentilles de silicium haute résistivité placées sur la face arrière du substrat. Or le substrat ainsi que les lentilles de silicium présentent des pertes non négligeables dans le domaine THz. C'est pourquoi la largeur des impulsions THz mesurées est limitée à quelques centaines de femtosecondes. De plus, les matériaux photoconducteurs des antennes photoconductrices utilisées en détection présentent des temps de vie des électrons au minimum de l'ordre de la centaine de femtoseconde, ce qui limite également les fréquences maximales détectées. Il en résulte que les systèmes de détection qui exploitent l'effet électro-optique permettent d'atteindre des fréquences plus élevées (typiquement > 3 THz) .

Lorsque l'on souhaite réaliser une détection basée sur l'effet électro-optique, le choix du cristal et son épaisseur sont primordiaux. En effet, l'efficacité du processus non linéaire dépend de la longueur d'interaction entre l'onde optique et l'onde THz. L'efficacité de ce processus non linéaire se traduit par la condition d'accord de phase. La condition d'accord de phase est satisfaite lorsque la vitesse de phase de l'onde THz qui traverse le cristal est égale à la vitesse de groupe de l'impulsion optique de sonde.

Chapitre 3. Génération et détection de rayonnement impulsionnel THz

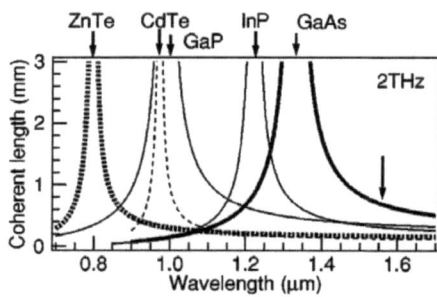

FIGURE 3.4: Longueur de cohérence à 2 THz en fonction de la longueur d'onde optique. Figure extraite de la référence [76].

	Coefficient électro-optique	Longueur de cohérence à 800 nm	Longueur de cohérence à 1550 nm
ZnTe	4,8 pm/V à 800 nm [76]	2,7 mm [76]	0,15 mm[76]
GaAs	1,5 pm/V à 1550 nm [76]	< 0,1 mm [76]	0,8 mm [76]
DAST	47 ± 8 pm/V à 1550 nm [84]	0,2 mm [39]	> 1 mm sur une large gamme de fréquences [98]

TABLE 3.1: Coefficients électro-optiques et longueurs de cohérence à 2 THz de trois cristaux électro-optiques.

Pour un cristal donné, on définit alors la longueur de cohérence qui correspond à la distance à partir de laquelle le déphasage entre les ondes optique et THz est de π. Cette longueur dépend de la fréquence THz mais également de la longueur d'onde du faisceau optique de sonde. La figure 3.4 présente les longueurs de cohérence calculées à 2 THz pour différents cristaux en fonction de la longueur d'onde du faisceau optique de sonde. On observe que pour une longueur d'onde de sonde optique de 800 nm, le ZnTe possède une longueur de cohérence de presque 3 mm, ce qui en fait un cristal très adapté pour une détection électro-optique utilisant des impulsions optique femtosecondes à cette longueur d'onde centrale. Cependant, à la longueur d'onde de 1550 nm, les caractéristiques du cristal de ZnTe sont nettement moins performantes. Le tableau 3.1 indique que la longueur de cohérence du ZnTe à 2 THz est réduite à 0,15 mm lorsque la longueur d'onde du faisceau optique de sonde est λ=1550 nm. Cette diminution de la longueur de cohérence est dûe au désaccord de phase entre l'impulsion THz et l'impulsion optique de sonde à λ=1550 nm. Une solution, proposée par Schneider et al. [98], est alors d'insérer un cristal non linéaire optique (BBO) sur le trajet du faisceau optique de sonde pour générer un signal optique de sonde à λ=800 nm, cohérent avec le signal optique de pompe dont la

3.1. Les systèmes de spectroscopie THz dans le domaine temporel utilisant des impulsions optiques femtosecondes dont la longueur d'onde centrale est λ=1550 nm

longueur d'onde est 1,55 μm. Cet arrangement optique permet de profiter des performances uniques offertes par le cristal de ZnTe à la longueur d'onde de 800 nm tout en utilisant un laser à fibre dopée Erbium. Cependant, cette solution qui repose sur une conversion non linéaire dans un cristal entraîne une perte en puissance optique importante du faisceau optique de sonde. Le cristal électro-optique de GaAs possède une longueur de cohérence élevée aux longueurs d'onde télécom. En effet, d'après le tableau 3.1, sa longueur de cohérence est de 0,8 mm à 2 THz pour λ=1550 nm. Schwagmann et al. ont exploité un cristal de GaAs orienté <110> et d'épaisseur 700 μm pour détecter les impulsions électromagnétiques THz par la technique classique de modulation de polarisation [99]. La puissance du faisceau optique de sonde est de 5 mW. Le spectre détecté grâce à cette approche qui utilise des impulsions optiques femtosecondes dont la longueur d'onde centrale est 1,55 μm est présenté figure 3.5. La bande passante est supérieure à 3 THz avec une dynamique maximale de plus de 40 dB entre 0,2 et 0,4 THz.

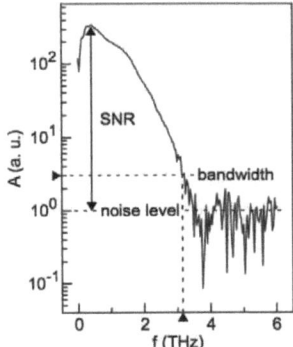

FIGURE 3.5: Spectre typique obtenu par Schwagmann et al. Le spectre est normalisé par le niveau de bruit et la définition de la bande passante est indiquée. Figure extraite de la référence [99].

Zhao et al. [124] ont étudié l'évolution de la plage de fréquence détectée en fonction de l'épaisseur d'un cristal de GaAs orienté <110>. L'idée est de réduire l'épaisseur du cristal afin de favoriser l'accord de phase afin d'augmenter la bande de fréquence détectée. Ils démontrent ainsi qu'un cristal de GaAs possédant une épaisseur de 0,2 mm permet de détecter des composantes spectrales jusqu'à 3,3 THz. Cependant l'interaction entre l'onde optique de sonde et l'onde THz se fait alors sur une distance plus réduite, ce qui a pour conséquence de diminuer l'amplitude du signal THz détecté.

Chapitre 3. Génération et détection de rayonnement impulsionnel THz

Problématique liée à la détection électro-optique dans un cristal de DAST

Même si le GaAs apparaît comme une alternative pertinente au ZnTe pour des faisceaux optiques de longueur d'onde de 1550 nm, le tableau 3.1 nous indique que son coefficient électro-optique est de 1,5 pm/V, soit trois fois plus faible que celui du ZnTe à λ=800 nm. Toujours d'après le tableau 3.1, il s'avère que le cristal de DAST [1] semble très prometteur pour une détection électro-optique qui met en jeu des impulsions optiques de longueur d'onde centrale 1550 nm. En effet, ce cristal possède un coefficient électro-optique exceptionellement important de 47 pm/V [33] ainsi qu'une longueur de cohérence supérieure à 1 mm sur une très large gamme de fréquences allant de 0,1 THz à 4 THz [98]. Ces caractéristiques font du cristal de DAST un cristal très prometteur pour la réalisation d'un système de spectroscopie THz dans le domaine temporel qui utilise des impulsions optiques femtosecondes aux longueurs d'ondes télécoms.

Cependant, une problématique importante est que le cristal de DAST possède une biréfringence naturelle importante qui l'empêche d'être utilisé dans un schéma classique de détection par modulation de polarisation d'un faisceau optique. En effet, la différence d'indice de réfraction entre les deux axes propres du cristal aux longueurs d'ondes optiques est très élevée ce qui entraine que les composantes du champ électrique de l'impulsion optique projetées sur les axes propres du cristal perdent leur cohérence après avoir traversé le cristal et ce, pour de faibles épaisseurs de cristal. Plus précisément, les composantes du champ électrique d'un faisceau optique traversant le cristal perdent leur cohérence pour une épaisseur de cristal d définit par [96] :

$$d \geq \frac{\lambda}{|n_e - n_o|} \tag{3.1}$$

où λ la longueur d'onde du faisceau optique de sonde dans le vide et $n_e - n_o$ la biréfringence du cristal. A la longueur d'onde de 1550 nm, $n_e - n_o = 0,53$. Cette différence d'indice implique que d doit être inférieur à 3 μm pour préserver la cohérence des composantes électriques de l'impulsion optique. L'intérêt d'utiliser un cristal qui possède une grande longueur de cohérence est alors perdu. Si l'épaisseur du cristal est de 420 μm, ce qui correspond à la longueur de cohérence à 6 THz pour une longueur d'onde de faisceau optique de 1550 nm, une des composantes électriques du faisceau optique de sonde arrive 730 ps après l'autre composante, durée nettement supérieure à la durée de l'impulsion. La différence de phase correspondante est égale à 164×2π, ce qui empêche d'utiliser un compensateur standard comme un compensateur de Babinet dont le retard est compris entre 0 et π. Pour observer

---

1. 4-N, N-dimethylamino-4'-N'-methyl-stilbazolium tosylate

3.1. Les systèmes de spectroscopie THz dans le domaine temporel utilisant des impulsions optiques femtosecondes dont la longueur d'onde centrale est λ=1550 nm

une variation de polarisation entre les deux composantes du champ électrique du faisceau optique de sonde induite par le champ THz présent dans un cristal de DAST, Han et al. proposent une méthode très efficace qui compense le décalage temporel entre les composantes du champ électrique qui résulte de la biréfringence naturelle [39]. Ils ont appliqué cette méthode en utilisant des impulsions optiques femtosecondes à la longueur d'onde de 800 nm mais leur approche est aisément transposable à des faisceaux optiques aux longueurs d'ondes télécoms. Le système de détection qu'ils ont mis en oeuvre est présenté figure 3.6. Pour annuler la forte biréfringerence naturelle du DAST, ils font passer le faisceau optique de sonde à travers une lame quart d'onde après son passage dans le cristal de DAST. Le faisceau optique est ensuite réfléchi par un miroir et passe à nouveau à travers la lame quart d'onde. La lame quart d'onde est orientée de telle façon que la polarisation s du faisceau incident devienne p et inversement avant de traverser une deuxième fois le cristal de DAST. Ainsi chaque composante du champ électrique passe dans le même cristal de DAST à deux reprises avec des états de polarisation orthogonaux. Chaque composante subit alors exactement le même retard de phase, ce qui conduit à l'annulation totale de l'effet de la biréfringence naturelle du cristal sur le faisceau optique de sonde. La détection du signal THz s'effectue par la suite en détectant la variation de polarisation induite par le champ THz à l'aide d'un montage classique de détection électro-optique. Le temps nécessaire aux impulsions optiques de sonde pour réaliser un aller-retour dans le cristal de DAST est plus long que la durée des impulsions THz. Ainsi lors de son deuxième passage dans le cristal, les propriétés des impulsions optiques de sonde ne sont pas modifiées par le champ THz.

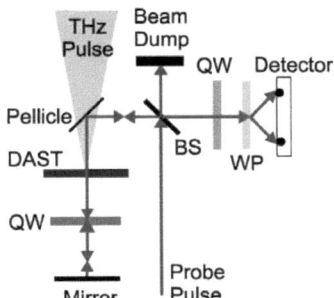

FIGURE 3.6: Schéma du dispositif expérimental de Han et al. QW : lame quart d'onde; WP : prisme de Wollaston; BS : séparateur de faisceau optique 50-50. Figure extraite de la référence [39].

Chapitre 3. Génération et détection de rayonnement impulsionnel THz

Afin de répondre à la problématique de l'utilisation d'un cristal de forte biréfringence naturelle pour une détection électro-optique, Schneider et al. proposent une méthode originale basée sur un effet lentille créé par le champ THz appelé Térahertz-Induced Lensing (TIL) effect [96, 98]. Ils utilisent les ordres supérieurs de la variation de l'indice d'un cristal induit par un champ THz :

$$\Delta(n^2)_i(t) = 2\chi^{(2)}_{iji}(-\omega,0,\omega)E_j^{(THz)}(t) + 3\chi^{(3)}_{ijki}(-\omega,0,0,\omega)E_j^{(THz)}(t)E_k^{(THz)}(t) \quad (3.2)$$

La technique de détection électro-optique classique exploite l'effet Pockels en $\chi^{(2)}$. Cette technique consiste à mesurer l'évolution temporelle de Δn_i au travers d'une mesure de l'état de polarisation du faisceau optique de sonde. Pour le TIL, c'est l'effet en $\chi^{(3)}$ qui est utilisé. Le schéma du principe de la détection par effet TIL est présenté à la figure 3.7. Le champ THz crée un effet de lentille dans le cristal de DAST ce qui a pour effet de focaliser le faisceau optique de sonde. L'extension spatiale du faisceau optique de sonde est réduite linéairement avec l'amplitude du champ électrique THz présent dans le cristal. La mesure du profil spatial du faisceau de sonde est ensuite réalisée grâce à l'utilisation d'une fibre optique dont le coeur est de 9 μm de diamètre. Avec ce système, les auteurs ont détecté une impulsion THz dont le spectre présente des composantes spectrales jusqu'à 6 THz avec une dynamique de 40 dB. La génération est réalisée par redressement optique dans un cristal de DAST et le cristal de DAST utilisé en détection a une épaisseur de 0,69 mm.

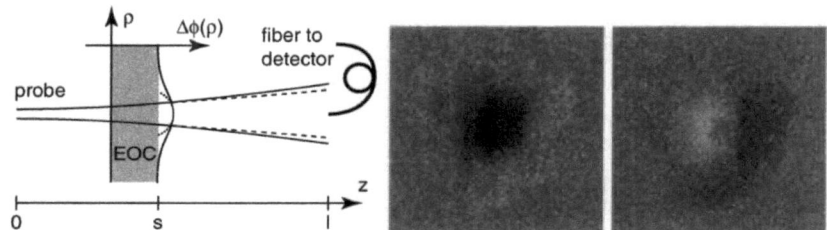

FIGURE 3.7: A gauche : Modification de la phase $\Delta\phi(\rho)$ induit par le champ THz ce qui a pour conséquence de focaliser le faisceau optique de sonde. Trait plein/pointillé : diamètre du faisceau de sonde sans/avec champ THz. A droite : Profils spatiaux du faisceau optique de sonde pour deux différents délai Δt correspondant à deux signes différents du champ THz. Figure extraite de la référence [96].

Récemment, une dernière solution a été proposée pour détecter une impulsion THz avec un cristal de DAST. Minamide et al. exploitent la non-linéarité du DAST pour convertir un signal THz en un

3.2. Réalisation et optimisation d'un banc de spectroscopie THz dans le domaine temporel utilisant des faisceaux optiques à la longueur d'onde λ=1550 nm

signal optique [74]. Pour cela, ils utilisent un faiseau optique de sonde à la longueur d'onde de $1,3$ μm, longueur d'onde optimale pour maximiser l'accord de phase dans le cristal de DAST. Le faisceau optique de sonde est focalisé sur le cristal. Lorsque le signal THz est superposé au faisceau optique de sonde dans le cristal, un signal à la longueur d'onde de 1,4 μm est alors généré par conversion vers une longueur d'onde plus élevée. Deux filtres sont ensuite utilisés pour séparer les deux couleurs, le signal à la longueur d'onde 1,4 μm portant l'empreinte du signal THz.

Les trois méthodes que nous venons de présenter permettent de profiter des propriétés uniques du cristal de DAST pour une détection de rayonnement impulsionnel THz sans être pénalisé par sa forte biréfringence naturelle. La première méthode basée sur un montage double passage n'est absolument pas triviale à mettre en place et nécessite beaucoup de puissance optique en raison des différents séparateurs de faisceaux présents sur le chemin de la sonde optique. La seconde, utilisant le TIL, fait intervenir le terme $\chi^{(3)}$ du troisième ordre, nécessitant une puissance THz suffisante pour produire un effet de lentille dans le cristal. Les travaux présentés dans la suite ont pour but de répondre à la problématique liée à l'utilisation d'un cristal de DAST pour une détection électro-optique. Ainsi nous proposons une solution originale qui nous a permis d'obtenir une bande de fréquence détectée de 5 THz avec une dynamique de 40 dB.

3.2 Réalisation et optimisation d'un banc de spectroscopie THz dans le domaine temporel utilisant des faisceaux optiques à la longueur d'onde λ=1550 nm

Le banc de spectroscopie THz dans le domaine THz que nous avons développé met en jeu des impulsions optiques femtosecondes à la longueur d'onde de 1550 nm, une antenne photoconductrice pour l'émission des impulsions THz et un cristal électro-optique de DAST pour la détection des impulsions THz. Avant de réaliser un tel système, nous avons dans un premier temps étudié les caractéristiques d'un système de spectroscopie THz dans le domaine temporel qui utilise des antennes photoconductrices en émission et en détection. Dans un deuxième temps, nous avons étudié les caractéristiques d'un système qui utilise des impulsions optiques de longueur d'onde de 1550 nm pour l'émission d'impulsions THz à partir d'une antenne photoconductrice et des impulsions optiques à la longueur d'onde de 800 nm pour la détection d'impulsions THz à partir d'un cristal électro-optique de ZnTe. Enfin, nous

Chapitre 3. Génération et détection de rayonnement impulsionnel THz

avons développé un banc expérimental utilisant des impulsions optiques femtosecondes à la longueur d'onde de 1550 nm avec une antenne photoconductrice en émetteur et un cristal de GaAs en détecteur. Dans cette partie, nous décrirons les 4 bancs expérimentaux ainsi que leurs performances en terme de bande de fréquence détectée et de dynamique.

3.2.1 Génération et détection de rayonnement électromagnétique impulsionnel THz avec des antennes photoconductrices

La première étape dans le développement d'un banc de spectroscopie THz dans le domaine du temps fonctionnant à la longueur d'onde $\lambda=1{,}55$ μm a consisté à utiliser des antennes photoconductrices pour l'émission et la détection.

La couche active d'antennes photoconductrices est un matériau photoconducteur qui doit présenter un temps de vie des porteurs subpicoseconde, une mobilité des porteurs élevée ainsi qu'une résistivité d'obscurité élevée. Ces propriétés optiques et électriques ont été largement décrites au chapitre précédent. Les antennes photoconductrices que nous avons utilisées possèdent une couche active en $In_{0,53}Ga_{0,47}As$ irradié par des ions lourds. Les antennes photoconductrices ont été réalisées en collaboration avec Karine Blary (IEMN). Une couche d'$In_{0,53}Ga_{0,47}As$ non intentionnellement dopée de 1 μm d'épaisseur est épitaxiée sur une couche tampon d'InAlAs de 200 nm, elle-même épitaxiée sur un substrat d'InP:Fe semi-isolant de 350 μm d'épaisseur. La structure a été bombardée avec des ions Br^+ avec une énergie de 11,2 MeV et avec une dose de 1.10^{12} ions/cm^2 à l'accélérateur ARAMIS sur le site de l'Université Paris-Sud en collaboration avec H. Bernas (CSNSM). Comme les ions incidents possèdent une énergie initiale élevée, les ions utilisés pour le bombardement sont implantés dans le substrat d'InP. L'irradiation ionique introduit donc uniquement des défauts de structure répartis uniformément dans la couche d'$In_{0,53}Ga_{0,47}As$. Un mesa de 14×82 μm^2 est ensuite gravé, délimitant la zone active pour l'absorption du rayonnement optique à la longueur d'onde de 1550 nm. Deux lignes à rubans coplanaires espacées de 80 μm et larges de 5 μm sont ensuite déposées de part et d'autre du mesa afin d'amener le champ électrique de polarisation à la zone photoconductrice. Le schéma de l'antenne photoconductrice utilisée est présenté figure 3.8.

Il a été démontré que l'irradiation par des ions lourds crée essentiellement des cascades de déplacements secondaires donnant naissance à des agglomérats de défauts élémentaires [48]. Ces défauts sont plus stables thermiquement que des défauts ponctuels, du fait de leur répartition sous forme d'agrégats. Cela leur confère également une énergie d'activation plus grande qui se traduit par des niveaux d'énergies profonds dans la bande interdite. Ces agglomérats de défauts sont des structures complexes, où

3.2. Réalisation et optimisation d'un banc de spectroscopie THz dans le domaine temporel utilisant des faisceaux optiques à la longueur d'onde λ=1550 nm

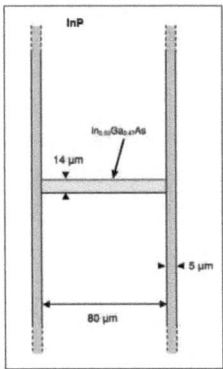

FIGURE 3.8: Schéma de l'antenne photoconductrice en $In_{0,53}Ga_{0,47}As$ irradié par des ions utilisée dans le cadre de cette étude.

les deux états de charges coexistent. Après irradiation, le matériau photoconducteur en $In_{0,53}Ga_{0,47}As$ possède un temps de vie des porteurs de 300 fs. La résistivité hors éclairement est de 3 Ω.cm et la mobilité de Hall de 490 $cm^2/(V.s)$. La photomobilité de ce matériau a également été déterminée par une mesure de pompe optique-sonde térahertz réalisée par J. C. Delagnes (CPMOH) et P. Kužel (IPASCR) [23, 81]. La photomobilité des électrons a été mesurée à 3600 $cm^2/(V.s)$, valeur plutôt élevée comparée aux photomobilités mesurées dans d'autres matériaux photoconducteurs (2500 $cm^2/(V.s)$ pour le GaAs-BT). Ainsi, pour une dose d'irradiation de 1.10^{12} ions/cm^2, le temps de vie des porteurs est réduit de plus de trois ordres de grandeur alors que la photomobilité des porteurs n'est réduite que d'un facteur 3,3. La mobilité des porteurs décroît en raison de la diffusion des porteurs sur les défauts.

Le rayonnement émis par l'antenne photoconductrice étant peu directif, une lentille de silicium est placée sur la face arrière de l'antenne pour assurer une faible divergence du faisceau THz rayonné. De plus, la lentille hyperhémisphérique permet de rendre le substrat artificiellement semi-infini, en éliminant les modes du substrat, ce qui permet à tous les rayons d'émerger. C'est la taille et l'indice de réfraction de la lentille qui déterminent son efficacité pour limiter les réflexions internes et pour diminuer la divergence du faisceau THz. Dans notre cas, nous avons choisi une lentille hyperhémisphérique en silicium (n=3,42) plaquée sur le substrat d'InP (n=3,1). Nous avons pris soin de choisir une lentille en silicium haute résistivité afin d'éviter les pertes par absorption dans le domaine THz. Nous avons utilisé une lentille hyperhémisphérique de 2 mm de rayon dont la partie cylindrique mesure 2,2 mm de

Chapitre 3. Génération et détection de rayonnement impulsionnel THz

long. Le choix de ces paramètres résulte d'un compromis entre le taux collection du miroir parabolique qui collecte le rayonnement THz et la manipulation d'une lentille de petite dimension [22].

Banc expérimental Le schéma du montage expérimental est présenté figure 3.9. Les impulsions lasers sont délivrées par une chaîne laser constituée d'un laser Ti:Sa et d'un oscillateur paramètrique optique (OPO). L'OPO délivre des impulsions d'une largeur à mi-hauteur de 200 fs à un taux de répétition de 80 MHz avec une longueur d'onde centrale de 1550 nm. Le faisceau laser est séparé en deux parties par un séparateur de faisceau en polarisation. La première partie du faisceau sert à exciter l'antenne photoconductrice d'émission en $In_{0,53}Ga_{0,47}As$ irradiée par des ions alors que la seconde passe par une ligne à retard avant d'être dirigée vers l'antenne photoconductrice de détection en $In_{0,53}Ga_{0,47}As$ irradié par de ions. Le rayonnement généré par l'antenne d'émission est collimaté à l'aide de la lentille de silicium. En regard de l'antenne d'émission est placée l'antenne de réception. Chaque antenne est éclairée avec une puissance optique moyenne de 10 mW et l'antenne d'émission est polarisée par une tension de 1,5 V. Le courant parcourant l'antenne d'émission lorsqu'elle est éclairée est de 2 mA. La distance entre l'émetteur et le détecteur est d'environ 20 cm. Le faisceau THz est focalisé sur l'antenne de détection grâce à la lentille de silicium plaquée sur sa face arrière. L'ensemble du chemin THz est à l'air ambiant. L'acquisition est réalisée à l'aide d'une détection synchrone synchronisée sur la fréquence du hacheur mécanique fixée à 500 Hz.

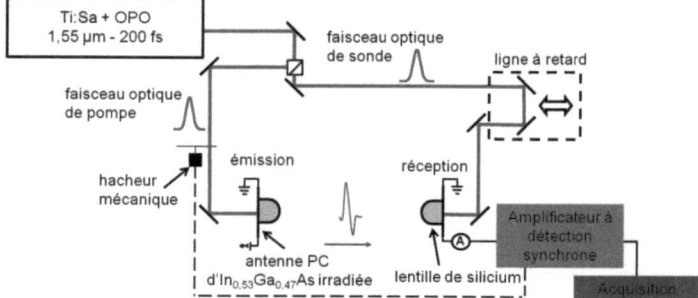

FIGURE 3.9: Schéma du montage expérimental où l'émission et la détection de l'impulsion THz sont réalisées avec des antennes photoconductrices. Les antennes photoconductrices sont en $In_{0,53}Ga_{0,47}As$ irradié par des ions lourds mais avec une dose d'irradiation différente.

La forme temporelle typique de l'onde détectée est présentée à la figure 3.10. La largeur à mi-hauteur du pic positif principal est de 450 fs et celle du pic négatif est de 1,2 ps. La faible valeur de la

3.2. Réalisation et optimisation d'un banc de spectroscopie THz dans le domaine temporel utilisant des faisceaux optiques à la longueur d'onde λ=1550 nm

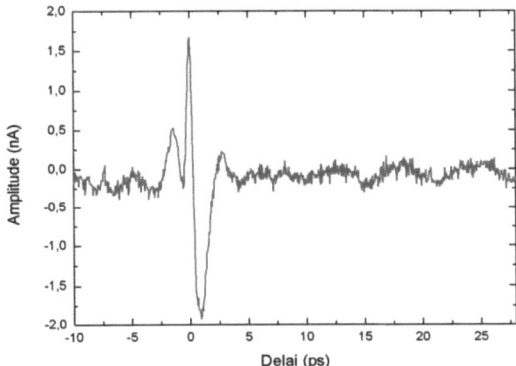

FIGURE 3.10: Forme temporelle typique de l'impulsion mesurée par une antenne photoconductrice quand l'impulsion est aussi émise par une antenne photoconductrice.

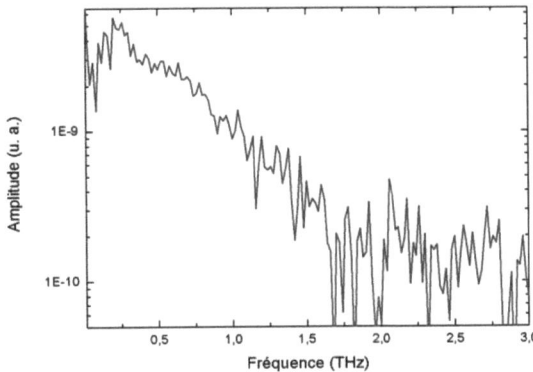

FIGURE 3.11: Spectre d'amplitude calculé à partir de la forme temporelle de l'impulsion THz présentée à la figure 3.10.

Chapitre 3. Génération et détection de rayonnement impulsionnel THz

largeur à mi-hauteur du pic positif résulte d'une perturbation qui semble être un écho de phase opposé au signal principal. Ce profil temporel présente une forme bipolaire caractéristique d'une antenne photoconductrice dont le temps de vie des porteurs est court. Le profil temporel est en effet très symétrique. Les oscillations lentes visibles après l'impulsion THz sont dues à l'absorption de l'eau résultante de l'humidité ambiante. L'amplitude pic-pic de l'impulsion THz est de 0,360 nA.

Le spectre de la forme d'onde calculé à l'aide d'une transformée de Fourrier rapide est présenté figure 3.11. Ce spectre montre des composantes spectrales jusqu'à 1,6 THz. La dynamique maximale est obtenue entre 190 et 290 GHz et vaut 30 dB.

Les limitations principales de cet arrangement expérimental sont d'une part la durée importante des impulsions optiques (200 fs) et d'autre part les pertes hautes fréquences introduites par les substrats d'InP présents dans les deux antennes photoconductrices et par les deux lentilles de silicium.

3.2.2 Génération de rayonnement électromagnétique impulsionnel THz avec une antenne photoconductrice et une détection électro-optique

Afin d'améliorer la bande de fréquence détectée, nous avons dans un deuxième temps modifié la méthode de détection pour utiliser une détection électro-optique afin de s'affranchir des pertes du substrat d'InP et de la lentille de silicium. La détection par effet électro-optique consiste à mesurer la modification de la biréfringence subit par un cristal électro-optique baigné dans un champ électrique. Pour sonder cette modification de la biréfringence, on utilise un faisceau optique de sonde dont la polarisation à l'entrée du cristal est connue. La modification de la biréfringence du cristal électro-optique induite par le champ électrique va alors modifier la polarisation du faisceau optique de sonde. La modification de biréfringence étant linéaire avec le champ électrique, on a alors directement accès à la forme temporelle du champ électrique THz. Le principe de cette détection est schématisée figure 3.12.

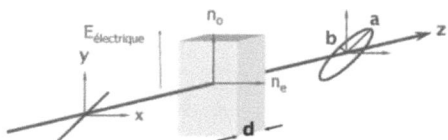

FIGURE 3.12: Principe de détection d'un champ électrique par l'effet Pockels dans un cristal électro-optique : la polarisation du faisceau optique de sonde est modifiée, passant de linéaire à elliptique en présence du champ électrique.

3.2. Réalisation et optimisation d'un banc de spectroscopie THz dans le domaine temporel utilisant des faisceaux optiques à la longueur d'onde λ=1550 nm

Classiquement, pour détecter la modification de la polarisation du faisceau optique de sonde, on place le cristal électro-optique entre deux polariseurs croisés à $\pi/4$ des axes principaux du matériau, ce qui a pour effet de transcrire la modification de polarisation en modification d'intensité transmise. L'intensité détectée est alors la suivante :

$$I(\Delta\phi) = E_x.E_x^* = E_0^2 \sin^2\left(\frac{\Delta\phi}{2}\right) \tag{3.3}$$

avec

$$\Delta\phi = \frac{2\pi L}{\lambda}\left(n_y(E) - n_z(E)\right) \tag{3.4}$$

où L est l'épaisseur du cristal, λ la longueur d'onde du faisceau optique de sonde et $n_y(E)$ et $n_z(E)$ les indices vus par les composantes du champ électrique du faisceau optique de sonde projetées sur les axes propres du cristal. L'évolution du signal transmis n'est pas linéaire avec le déphasage. De plus, la réponse est quasi nulle au voisinage d'un déphasage nul entre les composantes du faisceau optique de sonde : $I \approx \frac{E_0^2 \Delta^2 \phi}{4}$. Afin d'optimiser l'efficacité de la détection, une solution classique consiste à ajouter une lame quart d'onde sur le trajet du faisceau optique afin de « polariser » l'arrangement électro-optique dans une zone linéaire. Cette zone linéaire se situe autour d'un déphasage $\Delta\phi = \pi/2$. Cette lame quart d'onde d'onde permet de transformer la polarisation linéaire en circulaire :

$$\begin{align}
I(\Delta\phi) &= E_x.E_x^* = E_0^2 \sin^2\left(\frac{\Delta\phi + \pi/2}{2}\right) \tag{3.5} \\
&= E_0^2 \left(\frac{1 - \cos(\Delta\phi + \pi/2)}{2}\right) = E_0^2 \left(\frac{1 + \sin(\Delta\phi)}{2}\right) \tag{3.6} \\
&\approx \frac{E_0^2}{2} + \frac{E_0^2}{2}\Delta\phi \tag{3.7}
\end{align}$$

L'effet de la lame quart d'onde est donc bien de linéariser la réponse du matériau électro-optique.

Notons que l'analyseur peut être remplacé par un prisme de Wollaston afin de permettre une détection à l'aide d'un montage équilibré de deux photodiodes (photodiode balancée). L'usage d'une telle photodiode permet de minimiser le bruit généré par les fluctuations d'intensité du laser en supprimant le premier terme de l'équation 3.7.

Chapitre 3. Génération et détection de rayonnement impulsionnel THz

3.2.2.1 Banc expérimental avec la sonde à 800 nm

Nous avons réalisé un banc de spectroscopie qui met en jeu des impulsions optiques synchrones qui possèdent des longueurs d'ondes différentes et dont le montage est représenté figure 3.13. Nous avons pour cela utilisé la chaîne laser constituée d'un laser Ti:Sa et d'un OPO nous permettant d'accéder à toutes les longueurs d'ondes comprises entre 700 nm et 2 μm. Le Ti:Sa délivre des impulsions d'une durée de 100 fs avec une fréquence de répétition de 80 MHz. Une partie du faisceau est prélévée pour être utilisée comme le faisceau de sonde alors que l'autre partie du faisceau est incident sur l'OPO. L'OPO délivre des impulsions de pompe dont la longueur d'onde centrale est 1550 nm servant à exciter l'antenne photoconductrice en $In_{0,53}Ga_{0,47}As$ irradiée par des ions. Le photocourant parcourant l'antenne est de 2 mA. Le rayonnement généré par l'antenne est collimaté à l'aide d'une lentille de silicium et d'un miroir parabolique puis focalisé sur à 90° de l'axe (001) d'un cristal de ZnTe d'un millimètre d'épaisseur à l'aide d'un second miroir parabolique. Le faisceau optique de sonde dont la longueur d'onde est de 800 nm est superposé au faisceau THz à l'aide d'un séparateur de faisceau pelliculaire. La distance entre l'antenne d'émission et le crystal électro-optique est d'environ 1 m. Le faisceau optique de sonde dont la polarisation est modifiée lors de son passage dans le cristal de ZnTe soumis au champ électrique THz, traverse une lame de phase $\lambda/4$ qui introduit un déphasage de $\pi/2$ entre ses deux composantes. Les deux composantes du champ électrique du faisceau optique de sonde sont séparées par un prisme de Wollaston. Les deux composantes optiques sont ensuite détectées par un montage équilibré de 2 photodiodes relié à une détection synchrone synchronisée sur la fréquence de modulation ($\sim$ 20 kHz) de l'alimentation de l'antenne photoconductrice.

La difficulté majeure pour la mise en place de ce type de système de mesure est d'obtenir au sein du cristal électro-optique une distance de parcours égale entre celle parcourue par le faisceau optique de pompe et le faisceau THz d'une part et celle parcourue par le faisceau optique de sonde d'autre part. En effet, à la sortie de l'OPO, l'impulsion optique à λ=1550 nm a parcourue environ 5 m de plus que l'impulsion optique de sonde à λ=800 nm. En supposant que le faisceau THz suit globalement le même chemin optique que celui du faisceau optique à λ=1550 nm, nous avons placé une photodiode à la place du ZnTe afin de superposer temporellement les deux impulsions optiques. Nous avons observé les impulsions optiques à l'aide d'un oscilloscope rapide (65 GHz). Les deux impulsions optiques se décalent temporellement l'une par rapport à l'autre lorsque l'on fait varier la différence de chemin optique entre les deux faisceaux. La figure 3.14 montre une capture d'écran de cette manipulation lorsque la différence de chemin optique entre les deux impulsions est d'environ 1 cm. Ainsi, on ajuste

3.2. Réalisation et optimisation d'un banc de spectroscopie THz dans le domaine temporel utilisant des faisceaux optiques à la longueur d'onde $\lambda=1550$ nm

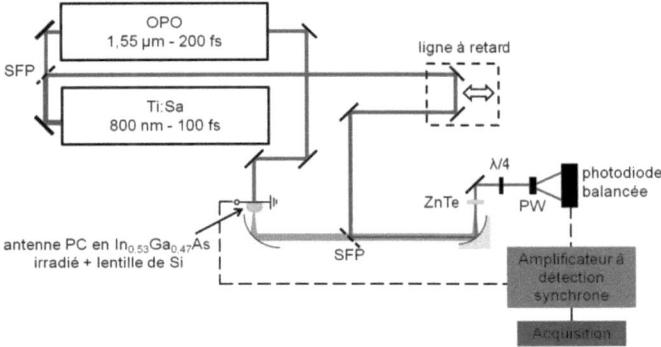

FIGURE 3.13: Schéma du banc de spectroscopie THz à double longueur d'onde. PC : Photoconductive ; SFP : Séparateur de faisceau pelliculaire ; PW : Prisme de Wollaston.

la position de la ligne à retard pour superposer les deux impulsions optiques sur l'oscilloscope rapide. Cette méthode permet d'obtenir une bonne estimation du délai zéro avec une précision de ± 2 ps.

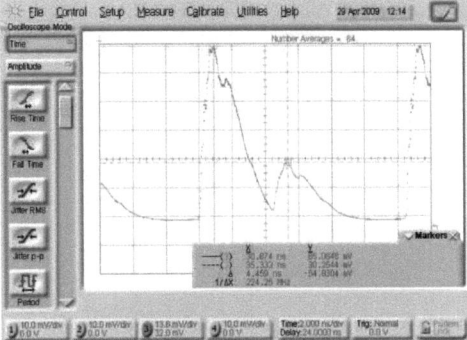

FIGURE 3.14: Capture d'écran de l'ociloscope rapide lorsque les chemins optiques suivis par les deux impulsions optiques à 800 nm et 1,55 μm sont différents d'environ 1 cm.

Le profil temporel de l'onde électromagnétique THz rayonnée par une antenne photoconductrice et détectée par un cristal de ZnTe est présenté à la figure 3.15. La largeur à mi-hauteur du pic principal de l'impulsion mesure 670 fs. La modulation d'intensité relative maximale est $\Delta I/I = 1,11 \times 10^{-4}$. Avant le délai zéro, le signal est relativement constant. En revanche, après le délai zéro, de nombreuses

Chapitre 3. Génération et détection de rayonnement impulsionnel THz

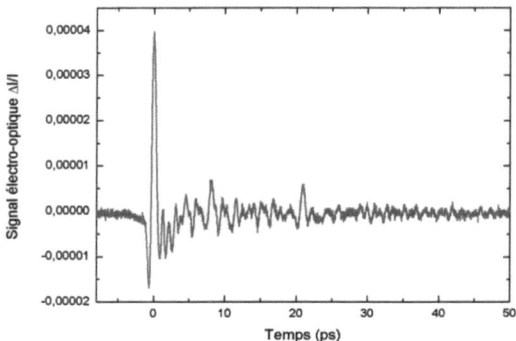

FIGURE 3.15: Spectre typique obtenu dans la configuration d'émission avec une antenne photoconductrice excitée par des impulsions optiques femtosecondes à la longueur d'onde de 1550 nm et détectée avec un cristal de ZnTe sondé par des impulsions optiques femtosecondes à la longueur d'onde de 800 nm. Un écho est visible au délai de 20,9 ps.

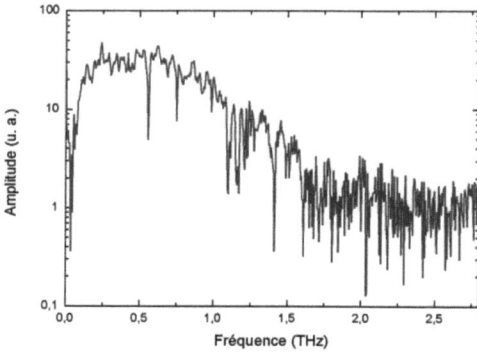

FIGURE 3.16: Spectre typique calculé à partir de la forme d'onde temporelle mesurée figure 3.15.

3.2. Réalisation et optimisation d'un banc de spectroscopie THz dans le domaine temporel utilisant des faisceaux optiques à la longueur d'onde λ=1550 nm

oscillations sont visibles. Ces oscillations sont dues essentiellement à l'absorption de l'eau présente dans l'air ambiant puisque cette mesure a été réalisée à l'air libre. De plus, le trajet de l'impulsion THz étant plus long que précédemment, la sensibilité à l'humidité de l'air ambiant se fait d'autant plus ressentir. Un écho est visible sur cette figure à un retard de 20,9 ps. Cet écho est dû à une réflexion optique du faisceau optique de sonde dans le cristal de ZnTe.

En calculant la tranformée de Fourier rapide du profil temporel de l'impulsion THz détectée avec le cristal électro-optique de ZnTe, on obtient le spectre en amplitude de l'impulsion THz. Ce spectre est tracé figure 3.16. Le spectre présente une dynamique maximale d'un peu moins de 30 dB entre 0,2 et 0,75 THz. Le spectre s'étend jusqu'à 1,7 THz et les oscillations présentes sur la forme temporelle de l'impulsion se traduisent par les raies d'absorption prononcées à 557 GHz, 752 GHz, 1,09 THz, 1,13 THz, 1,16 THz, 1,41 THz, 1,6 THz et 2,04 THz. En effet, ces fréquences correspondent à des pics d'aborption de l'eau.

Nous avons choisi d'utiliser un cristal de ZnTe pour la détection électro-optique car ce cristal est bien connu et ses performances sont avérées. Nous ne pouvons pas comparer les performances obtenues entre les deux systèmes présentés précédément car ils reposent sur des bancs expérimentaux différents. Cependant, les performances obtenues dans les deux cas sont relativement proches car elles sont essentiellement limitées par la durée des impulsions optiques délivrées par la chaîne laser, limitant l'extension spectrale de l'impulsion THz.

3.2.2.2 Banc expérimental avec le faisceau optique de sonde à longueur d'onde de 1550 nm

La troisième étape dans le développement du banc de spectrocopie THz consiste à n'utiliser que des impulsions optiques femtosecondes dont la longueur d'onde centrale est λ=1550 nm. Pour cette étape, il n'est pas intéressant d'utiliser à nouveau un cristal de ZnTe. En effet, même si son coefficient électro-optique est plutôt bon à cette longueur d'onde (r_{41}=5,55 pm/V [47]), sa longueur de cohérence à 2 THz à λ=1550 nm est plus faible (seulement 150 μm).

Détection avec un cristal de GaAs A la lecture du tableau 3.1, le cristal de GaAs orienté <110> est une bonne alternative. En effet, la longueur de cohérence à 2 THz à λ=1,55 μm est de 0,8 mm. Nous avons donc développé un banc de spectroscopie THz utilisant des impulsions optiques femtosecondes de longueur d'onde centrale de 1,55 μm qui exploite le cristal électro-optique de GaAs pour la détection. Le schéma du banc de mesure est détaillé figure 3.17.

La génération se fait toujours à l'aide d'une antenne photoconductrice à base d'In$_{0,53}$Ga$_{0,47}$As irradié

Chapitre 3. Génération et détection de rayonnement impulsionnel THz

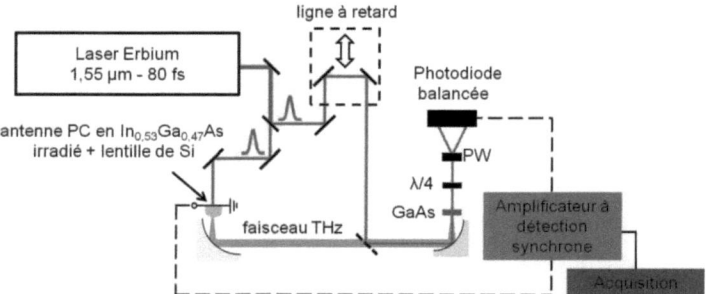

FIGURE 3.17: Schéma du banc de TDS qui utilise des impulsions optiques femtosecondes dont la longueur d'onde centrale est 1,55 µm. La détection se fait à l'aide d'un cristal de GaAs et met en jeu une modulation de polarisation.

par des ions. Le champ rayonné par l'antenne est collimaté par une lentille de silicium et un miroir parabolique puis est focalisé par un second miroir parabolique sur le cristal de GaAs. Une différence importante est l'utilisation d'un laser femtoseconde à fibre dopée Erbium délivrant des impulsions de 80 fs à un taux de répétition de 100 MHz. La puissance moyenne des impulsions optiques est de 250 mW. La détection se fait à l'aide d'un classique schéma de modulation de polarisation composé d'une lame de phase quart d'onde, d'un prisme de Wollaston et une photodiode balancée.

L'efficacité de la conversion non linéaire dans un cristal électro-optique est d'autant plus élevée que la longueur de cohérence entre le faisceau THz et le faisceau optique de sonde dans le cristal est importante. Ceci se traduit par accorder la vitesse de phase de l'onde THz avec la vitesse de groupe de l'onde optique au sein du cristal : c'est la condition d'accord de phase. Cette condition dépend de la fréquence THz car la vitesse de phase dépend de l'indice de réfraction dans le matériau, lui-même dépendant de la fréquence de l'onde électromagnétique. Ainsi, pour choisir l'épaisseur du cristal électro-optique, il est crucial de prendre en compte la longueur d'onde du faisceau optique de sonde, son indice de groupe, ainsi que la fréquence des ondes THz et l'indice de réfraction correspondant. La réalisation de l'accord de phase est donnée par :

$$\Delta k = k\left(\nu_{opt} + \nu_{THz}\right) - k\left(\nu_{opt}\right) - k\left(\nu_{THz}\right) = 0 \tag{3.8}$$

où ν_{opt} et ν_{THz} sont respectivement les fréquences optiques et THz et ν_{opt} et $(\nu_{opt} + \nu_{THz})$ se situent dans le spectre optique.

3.2. Réalisation et optimisation d'un banc de spectroscopie THz dans le domaine temporel utilisant des faisceaux optiques à la longueur d'onde λ=1550 nm

Dans notre cas, $\nu_{THz} \ll \nu_{opt}$, l'approximation suivante est donc justifiée :

$$k\left(\nu_{opt} + \nu_{THz}\right) \approx k\left(\nu_{opt}\right) + \nu_{THz} \left(\frac{\partial k}{\partial \nu}\right)_{\nu=\nu_{opt}} \quad (3.9)$$

En insérant l'équation 3.9 dans l'équation 3.8, la condition d'accord de phase est équivalente à :

$$\nu_{THz} \left(\frac{\partial k}{\partial \nu}\right)_{\nu=\nu_{opt}} - k\left(\nu_{THz}\right) = 0 \quad (3.10)$$

$$n_{gr}\left(\nu_{opt}\right) - n_{ph}\left(\nu_{THz}\right) = 0 \quad (3.11)$$

où n_{gr} est l'indice de réfraction de groupe et n_{ph} l'indice de réfraction de phase. Le désaccord de vitesse mène à une différence temporelle δ après propagation dans le cristal de :

$$\delta\left(\nu_{THZ}\right) = \frac{n_{gr}\left(\nu_{opt}\right) - n_{ph}\left(\nu_{THz}\right)}{c} l \quad (3.12)$$

où c est la vitesse de la lumière dans le vide et l l'épaisseur du cristal.

Si l'on néglige la dispersion optique, la longueur de cohérence $l_c \left(= \frac{\pi}{\Delta k}\right)$ s'exprime :

$$l_c = \frac{\pi c}{\omega_{THz} \left|n_{opt} - n_{THz}\right|} \quad (3.13)$$

Nous pouvons calculer que la longueur de cohérence pour un cristal de GaAs à 2 THz sondé par un faisceau optique à λ=1550 nm est de 0,8 mm. Pour étudier l'influence de l'épaisseur du cristal de GaAs sur les caractéristiques de l'impulsion THz mesurée, nous avons réalisé des mesures pour différentes épaisseurs du cristal proches de la longueur de cohérence à 2 THz. Nous avons aminci un cristal de GaAs afin d'obtenir trois épaisseurs différentes : 0,4 mm, 1 mm et 1,5 mm. Les profils temporels des impulsions THz détectées avec ces trois épaisseurs sont présentées figure 3.18. Les caractéristiques des impulsions THz détectées suivant l'épaisseur du cristal de GaAs utilisé en détection sont résumées dans le tableau 3.2.

Epaisseur	Largeur à mi-hauteur (fs)	Amplitude (u. a.)
0,4 mm	400	1,8
1 mm	445	1,3
1,5 mm	500	0,8

TABLE 3.2: Caractéristiques des impulsions THz détectées pour différentes épaisseurs du cristal de GaAs.

Chapitre 3. Génération et détection de rayonnement impulsionnel THz

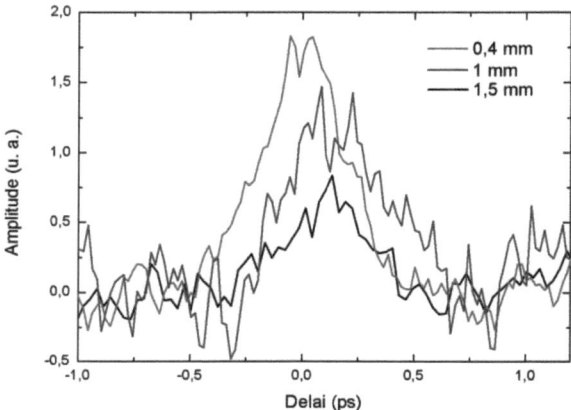

FIGURE 3.18: Impulsions THz détectées avec un cristal de GaAs pour trois épaisseurs différentes.

Pour des cristaux ayant une épaisseur de 1 à 1,5 mm, l'épaisseur du cristal est supérieure à la longueur de cohérence sur la plage de fréquence allant 0,1 THz à 2,5 THz, l'intéraction entre l'onde optique et l'onde THz n'est alors pas constante tout le long de leur propagationdans le cristal. Il en résulte un effet d'intégration du profil temporel de l'impulsion THz à mesurer qui se traduit par une augmentation de la largeur à mi-hauteur. L'amplitude est également réduite car l'intégrale de recouvrement entre l'impulsion optique et l'impulsion THz n'est pas optimale pendant toute leur traversée dans le cristal et notamment au delà d'une épaisseur correspondant à la longueur de cohérence. Le signal détecté présentant la largeur à mi-hauteur la plus faible et l'amplitude la plus importante est obtenu pour une épaisseur de 0,4 mm. Le cristal possède en effet une épaisseur inférieure à la longueur de cohérence sur la plage de fréquence allant de 0,1 THz à 4,5 THz. Le décalage temporel du maximum du profil temporel des impulsions obervé figure 3.18 entre le cristal ayant une épaisseur de 0,4 mm d'une part et les cristaux ayant une épaisseur de 1 et 1,5 mm d'autre part est attribué au fait que le dioptre air/GaAs du cristal de 0,4 mm d'épaisseur n'a pas été placé exactement au même endroit que les dioptres des deux autres cristaux. Cette étude préliminaire nous a permis de déterminer une épaisseur optimisée du cristal de GaAs pour une détection électro-optique d'impulsions optiques

3.2. Réalisation et optimisation d'un banc de spectroscopie THz dans le domaine temporel utilisant des faisceaux optiques à la longueur d'onde λ=1550 nm

femtoseconde dont la longueur d'onde centrale est à 1550 nm qui soit sensible et de bande passante élevée. Pour la suite de l'étude, nous avons donc utilisé le cristal de GaAs ayant une épaisseur de 400 μm.

La forme temporelle de l'impulsion détectée avec le cristal de GaAs de 400 μm d'épaisseur est présenté figure 3.19. La largeur de l'impulsion à mi-hauteur est de 400 fs. L'impulsion THz détectée présente une modulation d'intensité relative maximale de $\Delta I/I = 3 \times 10^{-5}$. La mesure a été réalisée à l'air ambiant, ce qui explique les oscillations observées après l'impulsion principale.

Le spectre calculé à partir du profil temporel détecté est présenté figure 3.20. Le spectre montre des fréquences détectées jusqu'à 2,5 THz. Une dynamique maximale supérieure à 40 dB est obtenue pour une plage de fréquences comprises entre 520 GHz et 1 THz. Des raies d'absorption prononcées aux fréquences de 1,15 THz et 1,79 THz confirment la présence d'humidité dans l'air ambiant. En faisant la même mesure sous air sec, on peut s'attendre à augmenter la plage de fréquences sur laquelle on observe une dynamique de plus de 40 dB.

Les performances obtenues pour cette configuration sont meilleures en terme de fréquence maximale détectée et de dynamique que celles obtenues avec une détection électro-optique dans un cristal de ZnTe. En effet, la dynamique d'environ 30 dB s'étend sur une plage de 1,3 THz permettant de faire des mesures spectroscopiques de qualité entre 200 GHz et 1,6 THz. Cette amélioration est principalement due à la réduction importante de la durée des impulsions optiques de pompe et de sonde.

Détection avec un cristal de DAST Le tableau 3.1 nous indique que le cristal de DAST s'avère être un meilleur choix que le cristal de GaAs pour une détection électro-optique efficace qui utilise des impulsions optiques femtosecondes dont la longueur d'onde centrale est λ=1550 nm. En effet, son coefficient électro-optique très important (47 pm/V) et sa longueur de cohérence élevée (> 1 mm sur une large gamme de fréquences) laisse envisager la possibilité d'atteindre des performances encore meilleures que celles obtenues précédemment. Cependant, l'importante différence entre l'indice ordinaire et l'indice extraordinaire ($n_a - n_b$=0,53) de ce cristal rend la méthode de détection que nous avons utilisée jusqu'à maintenant inadaptée. Afin de répondre à cette problématique, nous avons mis en oeuvre une nouvelle méthode de détection qui repose sur une détection interférométrique. Cette méthode exploite la modulation de phase du faisceau optique de sonde induite par son passage dans le cristal électro-optique de DAST baigné dans le champ életrique THz.

Le schéma du montage expérimental est présenté figure 3.21. Les impulsions lasers sont délivrées par le laser femtoseconde à fibre dopée Er qui délive des impulsions de 80 fs à un à taux de répé-

Chapitre 3. Génération et détection de rayonnement impulsionnel THz

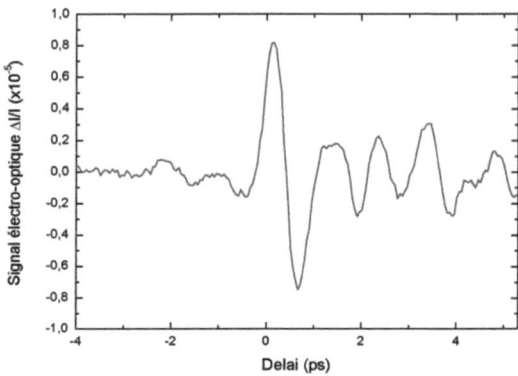

FIGURE 3.19: Signal détecté avec un cristal de GaAs de 400 μm d'épaisseur et un faisceau optique de sonde à la longueur d'onde de 1550 nm. La mesure a été effectuée à l'air libre.

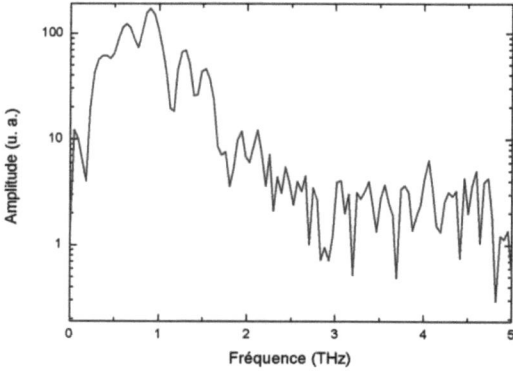

FIGURE 3.20: Spectre calculé à partir de la forme d'onde présentée figure 3.19.

3.2. Réalisation et optimisation d'un banc de spectroscopie THz dans le domaine temporel utilisant des faisceaux optiques à la longueur d'onde λ=1550 nm

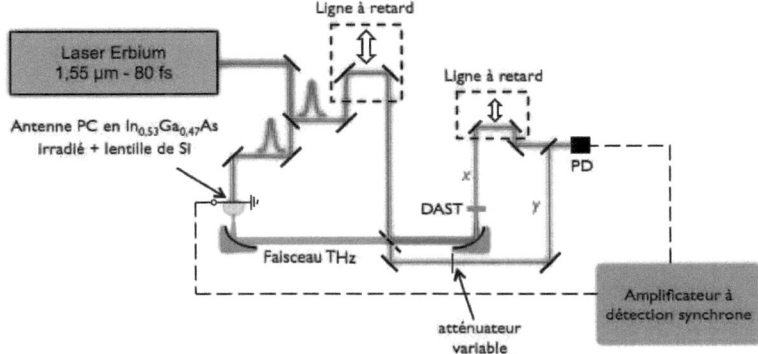

FIGURE 3.21: Schéma du montage de TDS utilisant un laser à fibre dopé Erbium et une détection interferométrique pour mesurer la modulation de phase subit par le faisceau optique de sonde au sein du cristal de DAST. Les chemins optiques x et y correspondent aux deux bras de l'interferromètre. PC : photoconductrice ; PD : photodiode.

tition de 100 MHz. Le faisceau optique est ensuite divisé en deux à l'aide d'un cube séparateur en polarisation précédé d'une lame de phase $\lambda/2$ permettant de faire varier facilement l'intensité optique sur chacun des bras. Le faisceau optique de pompe est focalisé sur l'antenne photoconductrice à base d'$In_{0,53}Ga_{0,47}As$ irradié par des ions lourds. Une lentille de silicium est plaquée en face arrière de l'antenne photoconductrice. Un miroir parabolique collecte le rayonnement THz et un second miroir sert à focaliser le rayonnement THz sur le cristal de DAST. L'ensemble du chemin THz est placé sous azote pour éviter l'absorption due à la vapeur d'eau présente dans l'air ambiant. Le faisceau optique de sonde voit la longueur de son chemin optique modifié par une ligne à retard avant d'être superposé avec le faisceau THz à l'aide d'une lame semi-réfléchissante fabriquée au laboratoire, différente de celle utilisée précédemment. En effet, n'étant pas partisans de faire un trou dans le miroir parabolique de focalisation (trou usuellement d'environ 2 mm) pour des questions de mise en oeuvre et par souci de conserver toutes les fréquences contenues dans l'impulsion THz (les hautes fréquences se situant au coeur du faisceau THz [85]), nous avons dans un premier temps utilisé un séparateur de faisceau pellicu-

Chapitre 3. Génération et détection de rayonnement impulsionnel THz

laire. Cette solution est *a priori* séduisante car elle n'atténue que très faiblement le rayonnement THz. Cependant, ce séparateur est très sensible aux vibrations mécaniques. L'épaisseur de ce séparateur de faisceau étant de 2 µm, il s'avère très sensible aux vibrations mécaniques inhérentes au système, en particulier lorsque le flux d'azote est opérationnel. Les vibrations engendrent une fluctuation de bruit importante dans la mesure.

Nous avons donc développé une lame séparatrice au laboratoire. Cette lame doit présenter une transmission maximale dans la gamme de fréquence THz et un coefficient de réflexion de 50 % aux longueurs d'ondes télécoms. Pour réaliser la lame séparatrice, nous avons utilisé un substrat de quartz de 250 µm d'épaisseur. Le quartz a l'avantage d'être quasiment transparent aux fréquences inférieures à 0,5 THz et présente une absorption inférieure à 0,5 cm^{-1} jusqu'à 2 THz sur son axe extraordinaire [36, 67]. Nous avons mesuré le coefficient de réflexion d'un substrat de quartz de 250 µm d'épaisseur avec un angle d'incidence de 45° et il n'est que de 17 % à λ=1,55 µm. Afin d'améliorer la réflectivité du séparateur de faisceau, nous avons déposé sur l'une des faces un film d'or de 6 nm d'épaisseur. Cette valeur a été déterminée à partir des travaux de Walther et al. [118] dans lesquels ils ont montré qu'un film d'or d'une épaisseur inférieure à 6 nm avait un coefficient de transmission supérieur à 0,99 jusqu'à 2,5 THz. La lame séparatrice que nous avons développée est donc beaucoup moins sensible aux vibrations et aux flux d'air grâce à son épaisseur importante. Nous avons mesuré les coefficients de réflexion et de transmission à λ=1550 nm de cette lame. Elle réfléchit 33 % du signal optique incident et en transmet 47 %. Pour estimer l'influence de la lame semi-réfléchissante sur la puissance THz détectée, nous avons mesuré une impulsion THz en l'absence et en présence du substrat de quartz placé sur son chemin (figure 3.22). Le décalage temporel subit par l'impulsion THz ayant traversée un substrat de quartz est clairement visible. A partir de l'atténuation du signal, nous avons estimé le coefficient de transmission en amplitude de la lame semi-réfléchissante dans le domaine THz à 60%.

La partie du faisceau optique de sonde réfléchie par lame séparatrice en quartz constitue un bras de l'interféromètre. Celui-ci est focalisée avec le rayonnement THz sur l'axe *a* du cristal de DAST, tous deux étant polarisés dans la même direction que l'axe *a*. Le cristal utilisé possède une épaisseur de 0,42 mm et est découpé selon son axe *c*. La partie du faisceau optique de sonde transmise par la lame séparatrice en quartz constitue le bras de référence de l'interféromètre. Un atténuateur est placé sur le bras de référence de l'interféromètre afin de pouvoir égaliser les intensités des deux bras de l'interféromètre en l'absence de champ THz. Les deux bras sont ensuite recombinés à l'aide d'une lame semi-réfléchissante 50/50 et se superposent sur une photodiode simple. Le signal incident sur la photodiode est alors décrit par la relation suivante :

3.2. Réalisation et optimisation d'un banc de spectroscopie THz dans le domaine temporel utilisant des faisceaux optiques à la longueur d'onde λ=1550 nm

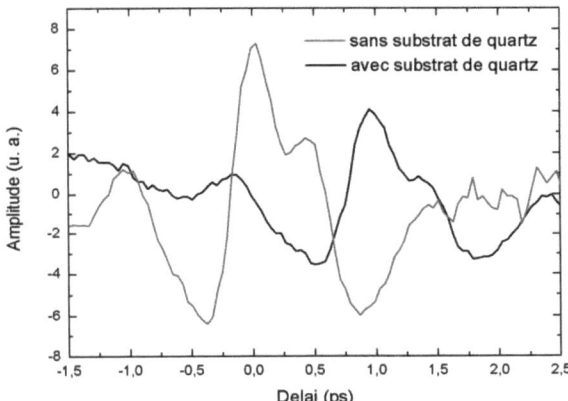

FIGURE 3.22: Impulsions THz mesurées à l'air ambiant et en présente d'un substrat de quartz de 250 μm d'épaisseur.

$$I(t) = 2I_{inc} + 2I_{inc} \cos\left[\Delta\theta(t)\right] \qquad (3.14)$$

où $\Delta\theta(t)$ est la différence de phase totale entre les deux faisceaux optiques provenant des deux bras de l'interferomètre.

Le principe de la détection que nous avons implémenté repose sur une modification de la phase du bras de l'interféromètre qui contient le cristal électro-optique. La phase du bras de référence reste quant à elle inchangée. Cette variation de phase entre les deux bras de l'interféromètre induite par la présence du champ THz modifie l'intensité du signal d'interférence mesuré par la photodiode. La différence totale de phase entre les deux chemins optiques des deux bras de l'interférogramme $\Delta\theta(t_d)$ est la somme du changement de phase induit par l'interaction non linéaire de l'onde THz avec les impulsions optiques de sonde dans le cristal de DAST, $\Delta\phi(t)$, et de la différence de phase, ϕ_0, induite par la différence de chemin δ entre les deux faisceau optiques. $\Delta\theta(t_d)$ s'exprime comme suit :

$$\Delta\theta(t_d) = \Delta\phi(t_d) + \frac{2\pi\left[(n_a\left(E_{THz}=0\right)-1)l+\delta\right]}{\lambda} \qquad (3.15)$$

Chapitre 3. Génération et détection de rayonnement impulsionnel THz

où t_d est le retard entre l'impulsion THz et l'impulsion optique de sonde qui se propagent de manière copropagative dans le cristal de DAST, n_a est l'indice de réfraction aux fréquences optiques le long de l'axe a du cristal de DAST, l l'épaisseur du cristal, c la vitesse de la lumière dans le vide et λ la longueur d'onde du faisceau optique de sonde.

La différence de phase $\Delta\phi(t_d)$ qui est moyennée durant toute la durée de l'impulsion optique et accumulée durant la propagation dans le cristal électro-optique est donné par (z allant de 0 à l) [97] :

$$\Delta\phi(t_d) = k_0 \int_0^l \int_R \Delta n(z,t) A\left[t - \left(\frac{n_g z}{c}\right) - t_d\right] dt dz \quad (3.16)$$

avec

$$\Delta n(z,t) = -\frac{n_a^3}{2} r_{11} E_{THz}(z,t) \quad (3.17)$$

où k_0 est le nombre d'onde du faisceau optique de sonde, r_{11} le coefficient électro-optique actif pour la polarisation donnée de $E_{THz}(z,t)$ et $A(t)$ l'amplitude normalisée des impulsions optiques de sonde traversant le cristal. L'idée est alors de choisir une différence de chemin entre les deux faisceaux optiques qui constituent les deux bras de l'interferomètre qui entraîne une variation de l'intensité du signal d'interférence mesurée qui soit proportionnelle à la variation de l'indice de réfraction $\Delta n(z,t)$ induite par le champ THz présent dans le cristal de DAST. Ainsi la variation d'intensité détectée par la photodiode sera proportionnelle au champ électrique THz. Si l'on défini la différence de chemin entre les deux faisceaux optiques de l'interferomètre telle que :

$$\delta = \frac{\lambda}{4} - [n_a (E_{THz} = 0) - 1] l \quad (3.18)$$

alors $\varphi_0 = \pi/2$. D'après l'équation 3.14, l'intensité incidente sur la photodiode s'écrit :

$$\begin{aligned} I(t) &= 2I_{inc} + 2I_{inc} \cos\left[\Delta\phi(t) + \frac{\pi}{2}\right] & (3.19) \\ &= 2I_{inc} + 2I_{inc} \sin[\Delta\phi(t)] & (3.20) \end{aligned}$$

L'intensité incidente sur la photodiode en l'absence du champ électrique THz s'écrit $I_0 = 2I_{inc}$ car $\Delta\phi = 0$. Ainsi la modulation d'intensité relative, définie comme étant le rapport entre l'intensité

3.2. Réalisation et optimisation d'un banc de spectroscopie THz dans le domaine temporel utilisant des faisceaux optiques à la longueur d'onde λ=1550 nm

modulée par le champ THz, $\Delta I = I - I_0$, et l'intensité optique incidente I_0 s'écrit :

$$\frac{\Delta I}{I_0} = \sin\left[\Delta\phi(t)\right] \tag{3.21}$$

La variation de phase induite par le champ électrique THz étant faible, on obtient :

$$\frac{\Delta I}{I_0} \approx \Delta\phi(t) \tag{3.22}$$

On obtient ainsi une variation d'intensité mesurée proportionnelle au déphasage résultant de l'intéraction non-linéaire de l'onde THz avec les impulsions optiques de sonde dans le cristal de DAST. Le spectre correspondant à la différence de phase $\Delta\phi(\omega)$ s'écrit [97]:

$$\Delta\phi(\omega) = -k_0 \frac{n_a^3}{2} r_{11} \int_0^l \iint_{R^2} E_{THz}(z,t) A\left[t - \left(\frac{n_g z}{c}\right) - t_d\right] \times \exp\left(i\omega t_d\right) dt dt_d dz \tag{3.23}$$

$$= -k_0 \frac{n_a^3}{2} r_{11} A(\omega) \int_0^l E_{THz}(z,\omega) \exp\left(-i\frac{\omega n_g}{c} z\right) dz \tag{3.24}$$

Comme l'impulsion THz subit l'absorption linéaire et la dispersion au sein du cristal, son spectre à une position z est donnée par :

$$E_{THz}(\omega,z) = E_i(\omega) \exp\left[-\frac{\alpha_T(\omega)}{2} z\right] \exp\left[i\frac{\omega n(\omega)}{c} z\right] \tag{3.25}$$

où $E_i(\omega)$ est le spectre complexe du champ électrique THz à l'entrée du cristal après réflexion de Fresnel, $n(\omega)$ et $\alpha_T(\omega)$ sont les indices de réfraction et d'absorption des ondes THz dans le cristal de DAST et n_g l'indice de groupe. La différence de phase s'écrit alors :

$$\Delta\phi(\omega) = k_0 \frac{n_a^3}{2} r_{11} A(\omega) \times \frac{1 - \exp\left[-\frac{\alpha_T(\omega)}{2} z\right] \exp\left\{i\frac{\omega}{c}\left[n(\omega) - n_g\right] z\right\}}{-\frac{\alpha(\omega)}{2} - i\frac{\omega}{c}\left[n(\omega) - n_g\right]} E_i(\omega) \tag{3.26}$$

On définit alors une longueur effective de détection $L_{det}(\omega)$:

$$L_{det}(\omega) = \left(\frac{\exp\left[-\alpha_T(\omega) l\right] + 1 - 2\exp\left[-\frac{\alpha_T(\omega)}{2} l\right] \cos\left\{\frac{\omega}{c}\left[n(\omega) - n_g\right] l\right\}}{\left[\frac{\alpha_T(\omega)}{2}\right]^2 + \left(\frac{\omega}{c}\right)^2 \left[n(\omega) - n_g\right]^2}\right)^{1/2} \tag{3.27}$$

et l'on peut écrire la valeur absolue de la différence de phase $\Delta\phi(\omega)$ comme étant :

Chapitre 3. Génération et détection de rayonnement impulsionnel THz

$$|\Delta\phi(\omega)| = -k_0 \frac{n_a^3}{2} r_{11} A(\omega) L_{det}(\omega) E_i(\omega) \quad (3.28)$$

On en déduit que :

$$\begin{aligned}\frac{\Delta I}{I} &= \cos\left[|\Delta\phi(\omega)| + \frac{\pi}{2}\right] = \sin[|\Delta\phi(\omega)|] \quad (3.29)\\ &\approx \frac{2\pi \left(\frac{n_a^3}{2}\right) r_{11} A(\omega) L_{det}(\omega) E_i(\omega)}{\lambda} \quad (3.30)\end{aligned}$$

Le système de mesure présente donc une réponse linéaire avec l'amplitude du champ électrique THz présent dans le cristal.

La figure 3.23 présente la forme d'onde temporelle générée par l'antenne photoconductrice en $In_{0,53}Ga_{0,47}As$ irradié par des ions et détectée à l'aide d'un cristal de DAST implémenté dans le système interférométrique que nous venons de décrire. L'énergie du faisceau optique de pompe arrivant sur l'antenne est de 0,22 nJ et celle du faisceau optique de sonde incident sur le cristal est de 0,4 nJ. La différence de chemin entre les deux bras de l'interférogramme est fixée expériementalement telle que $\varphi_0 = \pi/2$. La modulation d'intensité relative maximale est $\Delta I/I = 3,75 \times 10^{-5}$. La largeur à mi-hauteur du pic positif principal du profil temporel de l'impulsion est de 195 fs. Cette largeur est environ deux fois plus faible que la plus courte que nous avons obtenue précédemment. On observe un écho à 3,3 ps qui est dû à une réflexion sur un élément optique du montage.

La figure 3.24 présente le spectre calculé par une transformée de Fourier de l'impulsion temporelle présentée figure 3.23. Le spectre montre des fréquences allant de 0 à 5 THz. La dynamique maximale est de 40 dB entre 315 GHz et 1,8 THz. Les petites ondulations que l'on peut observer sont dues à l'écho présent sur la forme d'onde temporelle de la figure 3.23. Le DAST possède des fréquences de résonances phononiques à 1,1 THz et 3 THz entres autres [70, 119]. Ces résonances, caractérisées par des pics d'absorption prononcés, sont visibles sur le spectre aux fréquences attendues. Les résultats expérimentaux que nous avons obtenus pour une détection électro-optique dans un cristal de DAST montrent ainsi des performances à l'état de l'art.

Afin d'expliquer l'influence de δ, la différence de chemin optique entre les deux bras de l'interféromètre, sur la sensibilité de la mesure, nous avons mesuré l'amplitude du pic THz et l'intensité optique totale incidente sur la photodiode en fonction de la différence de chemin entre les deux bras de l'interferomètre. Ces mesures sont représentées à la figure 3.25. Comme attendu, les valeurs maximales

3.2. Réalisation et optimisation d'un banc de spectroscopie THz dans le domaine temporel utilisant des faisceaux optiques à la longueur d'onde $\lambda=1550$ nm

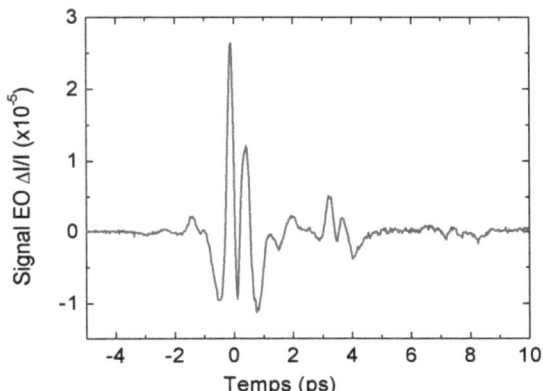

FIGURE 3.23: Profil temporel de l'impulsion THz générée par une antenne photoconductrice en $In_{0,53}Ga_{0,47}As$ et détectée par une technique de modulation de phase.

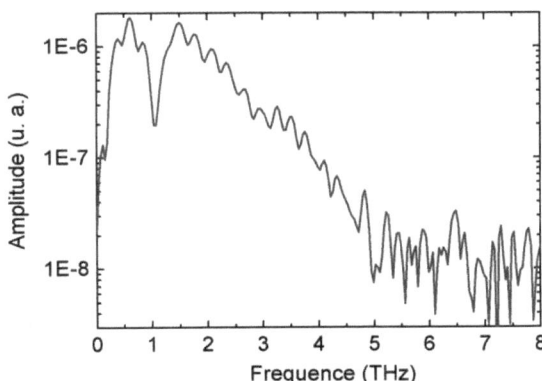

FIGURE 3.24: Transformée de Fourier calculée à partir de la forme d'onde temporelle présentée à la figure 3.23.

Chapitre 3. Génération et détection de rayonnement impulsionnel THz

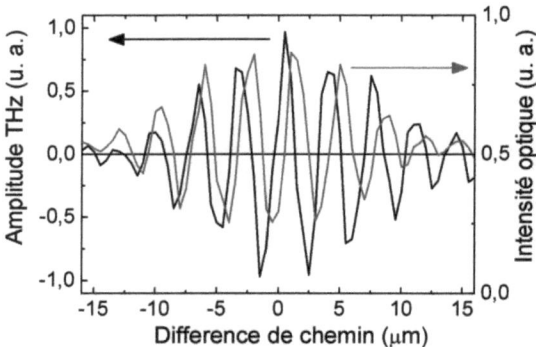

FIGURE 3.25: Amplitude détectée du pic temporel et de l'intensité optique totale incidente sur la photodiode en fonction de la différence de chemin entre les deux faisceaux optiques de l'interféromètre.

de signal électro-optique sont obtenues pour des valeurs de différences de chemin correspondant aux points d'inflexions maximales de l'évolution de l'intensité. Ces points correspondent à des différences de chemin optique ente les deux bras définis par :

$$\delta = \frac{\lambda}{4} - [n_a\left(E_{THz} = 0\right) - 1]\, l\left(\frac{\lambda}{2}\right) \tag{3.31}$$

entraînant $\varphi_0 = \frac{\pi}{2}\,[\pi]$.

Lors de la mise en place de l'interféromètre, nous avons observé que les franges d'interférences mesurées par la photodiode présentent un contraste $\frac{I_{pp}}{I_{moy}} = \frac{I_{max}-I_{min}}{I_{max}+I_{min}}$ de 0,5. En théorie un contraste de 1 peut être obtenu. En pratique, l'obtention d'un tel résultat est très difficile. En effet, la distorsion du front d'onde du faisceau optique de sonde à travers les différents éléments optiques du montage ainsi que la dispersion aux fréquences optiques dans le cristal de DAST empêchent d'obtenir un tel constrate.

Comparaison théorique de l'efficacité des cristaux de GaAs et de DAST Expérimentalement, le système de détection des impulsions THz basé sur une modulation de phase dans un cristal de DAST montre des performances meilleures que celles obtenues avec un système de détection basé sur un modulation de polarisation dans un cristal de GaAs. Cependant, une comparaison rigoureuse est

3.2. Réalisation et optimisation d'un banc de spectroscopie THz dans le domaine temporel utilisant des faisceaux optiques à la longueur d'onde λ=1550 nm

difficile à mettre en place car les performances obtenues dépendent fortement de la qualité des réglages optiques. Nous avons donc comparé les deux montages de façon théorique.

L'expression d'un signal électro-optique détecté par un schéma classique de modulation de polarisation dans un cristal de GaAs est donnée par :

$$\frac{\Delta I}{I} \approx \frac{2\pi \left(\frac{n_{opt}^3}{2}\right) r_{41} A(\omega) L_{det}(\omega) E_i(\omega)}{\lambda} \quad (3.32)$$

où r_{41}=1,5 pm/V est le coefficient électro-optique du GaAs.

Pour mener le calcul, nous avons choisi une épaisseur pour chaque cristal qui conduit a une modulation d'intensité relative maximale. Ces épaisseurs optimales sont dépendantes de la fréquence THz et ont ainsi étés ajustées pour chaque fréquence. Les modulations d'intensités relatives $\Delta I/I$ pour les deux cristaux ont été calculéesen négligeant l'élargissement dispersif. Cela conduit à utiliser les indices de groupe $n_g(\lambda_0)$=2,3 pour le DAST et $n_g(\lambda_0)$=3,5 pour le GaAs. Les indices de réfraction ainsi que l'absorption aux fréquences THz ont été calculées en utilisant un modèle de Lorentz d'oscillateurs harmoniques détaillé dans la référence [97] pour le DAST et dans la référence [76] pour le GaAs. L'absorption de l'impulsion optique de sonde durant la propagation dans les cristaux a été négligée car le coefficient d'absorption est inférieur à 1,5 cm^{-1}dans le DAST et inférieur à 0,01 cm^{-1} dans le GaAs.

Afin de comparer les deux techniques entre elles, la figure 3.26 montre le rapport entre $\Delta I/I$ calculé dans un cristal de DAST et $\Delta I/I$ calculé dans un cristal de GaAs en fonction de la fréquence. Hormis à 1,1 THz, fréquence à laquelle le cristal de DAST présente une forte résonance phononique, le signal THz détecté dans le cristal de DAST est plus important que celui détecté dans le GaAs, montrant un ratio supérieur à 1 sur toute la plage de fréquences considérée. Prenons l'exemple à 3 THz, où l'épaisseur optimale pour le cristal de GaAs et pour le cristal de DAST est de 500 μm et de 550 μm respectivement. Une amélioration d'un facteur 7 est attendue avec un cristal de DAST implémenté dans une technique de détection de modulation de phase. Notons que le modèle considère un contraste de 1 pour les franges d'interférences, ce qui est difficile à obtenir expérimentalement à cause des distorsions du front d'onde dues aux différents éléments optiques du montage et à la dispersion optique dans le cristal de DAST.

Grâce à cette méthode de détection originale basée sur une modulation de phase, nous avons montré un système de spectrocopie THz dans le domaine temporel qui utilise des impulsions optiques femtosecondes dont la longueur d'onde centrale est de 1,55 μm. Le système utilise un laser à fibre dopée Erbium et intègre une antenne photoconductrice en In$_{0,53}$Ga$_{0,47}$As irradiée par des ions pour l'émission

Chapitre 3. Génération et détection de rayonnement impulsionnel THz

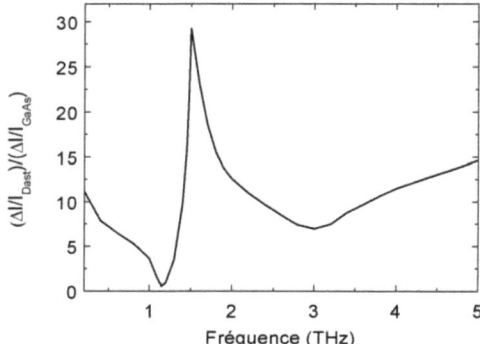

FIGURE 3.26: Rapport entre $\Delta I/I$ calculé dans le cristal de DAST en utilisant la technique de modulation de phase et $\Delta I/I$ dans le cristal de GaAs implémenté dans un schéma classique de modulation de polarisation en fonction de la fréquence.

des impulsions THz et un cristal de DAST pour la détection des impulsions THz. La forme d'onde temporelle de l'impulsion THz détectée présente une largeur à mi-hauteur de 195 fs, ce qui est trois fois plus faible que la largeur à mi-hauteur obtenue par Sartorius et al. [94] où l'émission et la détection sont réalisés à base d'antennes photoconductrices excitées par des impulsions optiques aux longueurs d'ondes télécoms. La méthode de détection repose sur une détection interférométrique permettant de mesurer la modulation d'indice induite par le champ THz dans le cristal de DAST. Nous avons obtenu une bande passante présentant des composantes spectrales jusqu'à 5 THz et une dynamique de 40 dB.

3.3 Conclusion

Nous avons présenté dans ce chapitre divers bancs de spectroscopie THz dans le domaine temporel tous utilisant pour l'émission une antenne photoconductrice en $In_{0,53}Ga_{0,47}As$ irradiée par des ions, excitée par des impulsions optiques femtosecondes dont la longueur d'onde centrale est λ=1550 nm. Le banc de spectrosopie dont les performances sont supérieures exploite l'effet électro-optique dans un cristal de DAST à l'aide d'une technique de détection de modulation de phase. La longueur d'onde du faisceau optique de sonde est alors de 1550 nm. Ce système de spectroscopie dans le domaine temporel qui utilise un laser à fibre dopée Erbium possède des composantes spectrales jusqu'à 5 THz et une

3.3. Conclusion

dynamique de 40 dB. Les valeurs sont à l'état de l'art. La fréquence maximale détectée n'est pas due aux propriétés physiques du cristal de DAST puisque la longueur de cohérence est supérieure à l'épaisseur du cristal que nous avons utilisé jusqu'à 6 THz. Nous attribuons cette limite en fréquence essentiellement aux pertes introduites par le substrat de l'antenne photoconductrice utilisée en émission ainsi qu'à la lentille de silicium. En outre, la méthode de détection de modulation de phase que nous avons mise au point et qui permet de s'affranchir de la forte biréfringence intrinsèque du DAST, est une approche applicable à tous les cristaux électro-optiques, en particulier ceux qui possèdent une forte biréfringence naturelle.

4 Transposition d'une modulation GHz sur une porteuse THz

Les ondes électromagnétiques THz permettent de sonder les états de la matière ayant une signature aux fréquences comprises entre 0,1 et 10 THz. Aujourd'hui, les ondes électromagnétiques THz sont utilisées dans de nombreuses applications telles que la sécurité, le médical, le contrôle non destructif. Plus récemment, plusieurs groupes de recherche ont considéré l'usage de ces ondes dans les systèmes de télécommunications. L'idée est d'exploiter les ondes THz pour la transmission sans fil de données à ultra-haut débit. Car en effet, en se référant à la loi d'Edholm, la demande en terme de bande passante pour des communications sans fil courtes distances a doublée tous les 18 mois au court des 25 dernières années [18]. D'après cette tendance, il est possible de prédire que des débits aux alentours de 5-10 Gbit/s vont être nécessaires dans les 10 prochaines années. Une revue de 2007 de M. Koch suggère même que les systèmes de communication THz vont remplacer ou compléter les réseaux sans fil à l'horizon des années 2017-2023 [55]. Aujourd'hui, le bluetooth et autres systèmes de transmission sans fil fonctionnent avec une fréquence porteuse de quelques gigahertz ce qui implique une bande passante limitée [79]. Même les technologies larges bandes qui sont à l'étude pour des communications intérieures donnent l'espoir d'atteindre des débits de seulement 110-200 Mbit/s pour des distances standards et de 500 Mbit/s pour des courtes distances.

C'est dans ce contexte, où la société de l'information dans laquelle nous vivons doit faire face à une demande grandissante du débit des échanges d'informations, que des idées sont proposées pour augmenter les débits des transmissions sans fil. Parmi elles, l'augmentation de la fréquence porteuse est prometteuse car cela permettra d'utiliser des fréquences de modulation plus importantes [1]. La pertinence de cette approche est illustrée figure 4.1. Cependant, les ondes électromagnétiques THz se propagent dans l'atmosphère terrestre avec des pertes significatives dues à l'absorption de l'eau

---

1. Un autre moyen consiste à utiliser des impulsions plutôt que des rayonnements continus. C'est la technique adoptée par les communications ultra large bande (ULB - Ultra Wide Band - UWB) où les impulsions utilisées ont une durée inférieure à la nanoseconde.

(ex : 2,7 dB/km à 380 GHz [21]). Cet inconvénient pour les transmissions d'informations classiques peut devenir un avantage certain pour assurer la confidentialité des communications sur un périmètre donné et prend tout son sens dans le développement des *femtocells*.

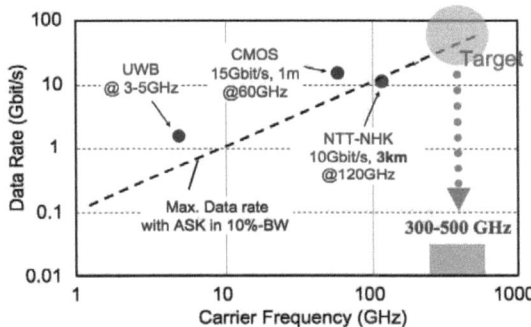

FIGURE 4.1: Relation entre la fréquence porteuse et le débit de données dans les communications sans fil. Figure extraite de la référence [79].

C'est pourquoi, les réalisations de transmissions de signaux sur porteuse THz commencent à émerger. On peut citer les travaux de Hirata et al. [42] qui font références dans les télécommunications sans fil THz. L'équipe d'Hirata a notamment développé une ligne de transmission sur une porteuse à 120 GHz qui permet la transmission de données à 10 Gbit/s, débit de données standard par canal dans les réseaux optiques actuels. Ce résultat a été obtenu pour une distance entre l'émetteur et le récepteur de plus de 200 m. Ils ont ensuite amélioré le système en augmentant le débit à 11,1 Gbit/s et l'ont transmis sur une distance de 250 m [43] puis sur une distance de 800 m avec un taux d'erreur (Bit Error Rate - BER) de l'ordre de 10^{-7} sans système de correction d'erreurs [44]. La mesure du taux d'erreurs a été réalisée à l'air libre en l'absence de pluie. Le taux d'erreurs mesuré répond aux standards OC-192 [2] et Ethernet 10-Gbit [44]. Cette équipe a également montré des débits de 2 Gbit/s sur une porteuse comprise entre 300 et 400 GHz [78] puis une modulation de 8 Gbit/s sur une porteuse à 250 GHz [103]. Très récemment, Ducournau et al. ont réalisé une ligne de transmission sur une porteuse à 200 GHz avec une modulation d'un peu de plus d'1 Gbit/s sur une distance de 2,6 m dans laquelle le photomélangeur n'était pas polarisé [27]. Dans l'ensemble des démonstrations de lignes de transmissions que nous venons de présenter, les émetteurs utilisés pour la génération de la porteuse sont des photodiodes à transport

---

2. Optical Carrier lever - 192 est un standard de transmission optique permettant des débits de plus de 620 Mbits/s.

Chapitre 4. Transposition d'une modulation GHz sur une porteuse THz

unipolaire (Uni-Traveling-Carrier - UTC). Il s'agit de structures de type p-i-n où l'absorption optique et l'expulsion des photoporteurs se font dans deux zones distinctes et dans lesquelles un seul type de porteur est solicité. Il existe cependant d'autres façons de générer une onde continue THz pouvant jouer le rôle de porteuse. Une approche simple à mettre en oeuvre est d'utiliser un matériau photoconducteur dont le temps de vie des porteurs est de l'ordre de la picoseconde.

La génération d'ondes THz continues repose sur l'excitation d'un dispositif photoconducteur par deux faisceaux optiques continus dont les longueurs d'ondes sont légèrement décalées. Les composants utilisant ce principe de génération d'ondes THz continues sont appelés des photomélangeurs. Ces photomélangeurs sont des composants quadratiques dont le principe de conversion repose sur la détection de l'enveloppe de l'interférence temporelle créée par les deux faisceaux optiques incidents, la différence de fréquence entre ces deux ondes correspondant à la fréquence THz que l'on souhaite générer. Le principe de ce type de génération est présenté à la figure 4.2. Un des principaux avantages de la technique de photomélange est qu'elle fonctionne à température ambiante et qu'elle permet donc de s'affranchir de refroidissement, qui est par exemple indispensable aux lasers à cascades quantiques.

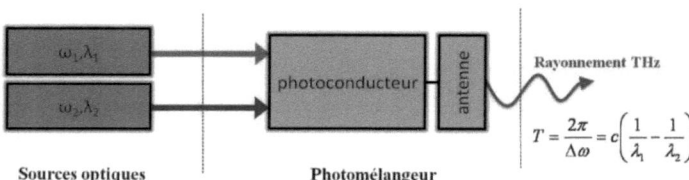

FIGURE 4.2: Chaîne de génération térahertz par photomélange pour un dispositif photoconducteur.

Le processus de photomélange dans le domaine THz a été montré pour la première fois par Brown et al. [11, 12] en 1993, le processus étant connu depuis les années 60. Ils ont généré un rayonnement de 200 MHz jusqu'à 20 GHz avec une puissance de 200 μW à l'aide d'un photomélangeur en GaAs-BT. Depuis les performances ont été nettement améliorées permettant des générations de l'ordre de quelques microwatts à 1 THz [73] et même une dizaine de microwatts pour des antennes en ErAs:GaAs [6]. L'essentiel des photomélangeurs développés jusqu'à présent sont excités par des lasers aux longueurs d'ondes proches de 800 nm.

Pour des applications de télécommunications, l'usage de lasers continus à des longueurs d'ondes proches de 1550 nm, la longueur d'onde télécom, est tout à fait opportun. En effet, au delà de profiter des avantages offerts par la disponibilité de sources de haute pureté spectrale et d'amplificateur fibré à cette longueur d'onde, il s'agit d'envisager un schéma de transfert d'informations simplifié de la porteuse optique vers la porteuse THz. En effet, les communications par fibre optique se font à l'heure actuelle à l'aide de faisceaux lasers à la longueur d'onde de 1550 nm. Utiliser des photomélangeurs fonctionnant à cette longueur d'onde permet d'exploiter directement les faisceaux optiques se propageant dans les fibres optiques. On évite ainsi une étape de transfert de la longueur de 1550 nm à la longueur d'onde de 800 nm qui serait nécessaire pour les photomélangeurs dont les longueurs d'ondes des faisceaux d'excitation se situent autour de 800 nm.

Depuis quelques années, des photomélangeurs excités par deux lasers télécoms ont vu le jour. Ils se déclinent en deux catérgories : les UTC et les dispositifs photoconducteurs. Les dispositifs photoconducteurs mettent en jeu une couche d'$In_{0,53}Ga_{0,47}As$ dans laquelle des défauts sont introduits. Ainsi grâce à la position spectrale de l'$In_{0,53}Ga_{0,47}As$, les dispositifs sont absorbants aux longueurs d'ondes télécoms, la présence des défauts permettant de réduire le temps de vie des porteurs.

La littérature rapporte des puissances générées de l'ordre 0,1 µW jusqu'à 700 GHz pour des photomélangeurs en $In_{0,53}Ga_{0,47}As$ irradiés par des ions [66] et de l'ordre de quelques dizaines de nanowatts pour des photomélangeurs en ErAs:InGaAs [105]. Les UTC montrent de très bonnes performances dans ce domaine en générant des puissances de l'ordre de la centaine de microwatts sur une gamme de fréquence comprise entre 300 et 400 GHz [77] et des puissances jusqu'à 10 µW à 1 THz. Pour étudier le potentiel des photomélangeurs excités par des faiscseaux optiques aux longueurs d'ondes télécoms pour des transmissions d'informations sans fil sur des porteuses THz, nous avons utilisés des photomélangeurs en $In_{0,53}Ga_{0,47}As$ irradiés par des ions développés au sein de l'équipe [66].

Ce chapitre présente tout d'abord les performances et les propriétés des photomélangeurs que nous avons utilisés, nous expliquerons ensuite comment nous avons généré la porteuse THz. Puis, nous montrerons le transfert d'une modulation micro-onde d'une porteuse optique vers une porteuse dont la fréquence est accordable de 0,3 THz à 1,2 THz. Nous finirons ensuite ce chapitre en proposant des solutions d'optimisation des performances des photomélangeurs.

4.1 Les photomélangeurs à base d'$In_{0,53}Ga_{0,47}As$ irradié par des ions

Les paramètres d'un matériau photoconducteur adapté à la génération d'une onde THz continue par la technique de photomélange sont un temps de vie des porteurs autour de la picoseconde, une mobilité des porteurs élevée ainsi qu'une résistivité d'obscurité élevée. Les caractéristiques sont très proches de

Chapitre 4. Transposition d'une modulation GHz sur une porteuse THz

celles adaptées à la génération d'impulsions THz. En effet, d'après la théorie du photomélange qui est décrite très précisément dans les références [22, 12], la puissance THz rayonnée par un photomélangeur est assimilée à la puissance dissipée dans la résistance de rayonnement R_A de l'antenne et s'exprime selon l'équation suivante :

$$P_{THz} = \frac{1}{2} R_A i_A^2(t) \quad (4.1)$$

$$= \frac{1}{2} R_A \frac{I_0^2}{\left[1 + \omega_{THz}^2 \tau^2\right] \left[1 + (\omega_{THz} R_A C)^2\right]} \quad (4.2)$$

où $i_A(t)$ est le photocourant traversant la résistance R_A, $\omega_{THz} = \omega_1 - \omega_2$ est la fréquence THz rayonnée (où ω_1 et ω_2 sont les fréquences des deux lasers), C la capacité du photomélangeur et τ le temps de vie des électrons. I_0 est le courant continu parcourant l'antenne et est égal à :

$$I_0 = V \cdot G_0 \quad (4.3)$$

où V est la tension statique de polarisation appliquée aux bornes de l'antenne et G_0 la photoconductance du matériau photoconducteur moyennée dans le temps qui est égale à :

$$G_0 = \frac{\eta \tau e \left(P_1 + P_2\right) \mu_e}{h \nu L^2} \quad (4.4)$$

où η est le rendement quantique externe, e la charge élémentaire, P_1 et P_2 sont les puissances optiques de chacun des deux faisceaux, μ_e la mobilité des électrons, h la constante de Planck, ν la fréquence optique ($\nu = \nu_1 \simeq \nu_2$) et L la longueur du semi-conducteur. La contribution des trous est négligée car leur mobilité est environ dix fois inférieure à celle des électrons.

Ainsi, d'après l'équation 4.2, la puissance THz émise est proportionnelle au carré du courant moyen parcourant le photomélangeur. La chute du courant contribuant à l'émission THz à hautes fréquences est due, d'une part au temps de vie des électrons et d'autre part, à la constante de temps RC. En effet, le terme $\frac{1}{1+(\omega_1-\omega_2)^2\tau^2}$ de l'équation 4.2 traduit un comportement de type filtre passe bas de fréquence de coupure $f_\tau = \frac{1}{2\pi\tau}$. Le temps de vie des électrons agit donc directement sur la bande passante d'émission du rayonnement THz. La mobilité des électrons intervient quant à elle sur l'amplitude à travers la photoconductance G_0. Enfin, une résistivité d'obscurité élevée est nécessaire pour appliquer une tension V importante sans que le composant ne soit détérioré.

4.1. Les photomélangeurs à base d'In$_{0,53}$Ga$_{0,47}$As irradié par des ions

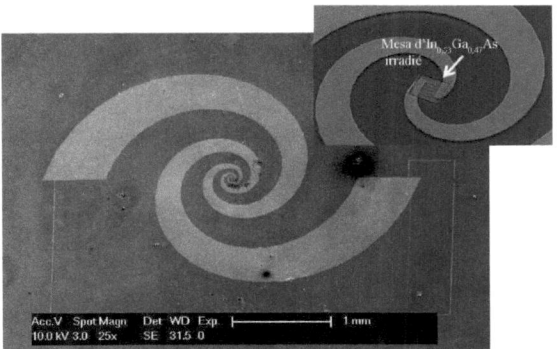

FIGURE 4.3: Vue au microscope électronique à balayage de l'antenne spirale. L'alimentation se fait par les deux connections à gauche et à droite. En insert est présenté le mesa photoconducteur sur lequel le peigne interdigité est défini par lithographie électronique.

Le matériau photoconducteur utilisé dans le photomélangeur développé au sein de l'équipe est de l'In$_{0,53}$Ga$_{0,47}$As irradié par des ions bromes, proche de celui utilisé pour la génération impulsionnnelle dans le chapitre 2. Il présente un temps de vie des électrons de 0,86 ps, une résistivité hors éclairement de quelques Ω.cm et une mobilité de Hall de 2000 cm^2/(V.s). La structure est constituée d'une couche non intentionnellement dopée n de 1 μm d'épaisseur d'In$_{0,53}$Ga$_{0,47}$As épitaxiée par MBE sur un substrat semi-isolant d'InP dopé fer. Cette couche a été irradiée par des ions Br$^+$ avec une dose de 4.10^{11} ions/cm^2 et une énergie de 11 MeV. Un mesa de 7×7 μm^2 a ensuite été gravé dans la couche d'In$_{0,53}$Ga$_{0,47}$As definissant ainsi la zone absorbante. Cinq électrodes interdigitées en Au de 0,2 μm de large et espacées de 1,8 μm ont été déposées par évaporation sur le dessus de la zone absorbante. En plus, une couche de 380 nm de nitrure de silicium a été ajoutée. Cette couche joue un rôle d'antireflet et de passivation ce qui a pour conséquence d'améliorer la fiabilité et la tolérance à la chaleur du composant. La réalisation technologique a été effectuée en collaboration avec K. Blary (IEMN). Le choix de l'antenne s'est porté sur une antenne spirale équi-angulaire qui est une antenne large bande, c'est-à-dire que l'impédance de l'antenne est idéalement indépendante de la fréquence sur plusieurs décades [29, 10]. Elle consiste en deux bras métalliques chacun formé de deux spirales équi-angulaires et est connectée en son centre au peigne d'électrodes interdigitées, les deux bras étant décalés de 180° l'un par rapport à l'autre comme montré sur la figure 4.3. La résistance de rayonnement de l'antenne, déterminée par sa géométrie, est R_A=72 Ω. Le dimensionnement du peigne interdigité déposé sur le

Chapitre 4. Transposition d'une modulation GHz sur une porteuse THz

matériau photoconducteur crée une capacité $C=1$ fF [19]. Les zones de connexion supplémentaires nécessaires à l'application la tension de polarisation ajoutent une capacité de 1 fF. La fréquence de coupure associée est ainsi d'environ 1,1 THz correspondant à une constante de temps $R_A C$ estimée à 0,124 ps [66]. Nous avons vérifié par des mesures de pompe-sonde optique que pour des valeurs de tension de polarisation variant de 0 à 2,2 V, le temps de vie des électrons en fonction de la tension de polarisation est contant à 10% près et est égal à 0,86 ps.

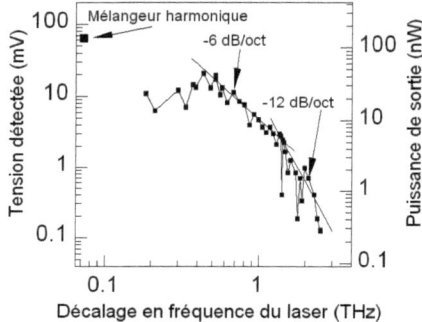

FIGURE 4.4: Puissance de sortie du photomélangeur en fonction de la différence de fréquence entre les deux lasers. La tension de polarisation est de 1,5 V et la puissance optique incidente de 40 mW. L'échelle de droite est la puissance de sortie estimée en tenant compte de la sensibilité du bolomètre avec son amplificateur de $4,6 \times 10^5$ V/W.

Avant le début de ces travaux de thèse, la puissance rayonnée par le photomélangeur a été mesurée au laboratoire [66]. La figure 4.4 rapporte les puissances mesurées à l'aide d'un analyseur de spectre électrique pour la bande de fréquence entre 50 GHz et 75 GHz et à l'aide d'un bolomètre refroidi à l'hélium pour les fréquences au-delà de 100 GHz. Le photomélangeur délivre typiquement 45 nW à 0,5 THz et 10 nW à 1 THz lorsqu'il est éclairé avec une puissance incidente de 40 mW et polarisé à 1,5 V. Pour comprendre le comportement de la puissance générée par le photomélangeur en fonction de la fréquence, intéressons nous à l'équation 4.2. Comme le temps de vie des trous est de l'ordre de 60 ps [66], sa contribution est négligée. En effet, la puissance mesurée pour des fréquences supérieures à 150 GHz est principalement due aux photo-électrons car leur temps de vie est plus court et leur vitesse de dérive est plus élevée [69]. La diminution de la puissance détectée avec une pente de 6 dB/octave est attribuée à la limitation imposée par le temps de vie des électrons de 0,86 ps. Pour des fréquences supérieures à 1,4 THz, la puissance diminue continuellement à un taux proche de 12 dB/octave. Cette décroissance est en accord avec la limitation imposée à la fois par le temps de vie constant des électrons et par la constante de temps $R_A C$.

4.2 Réalisation d'une modulation GHz sur une porteuse THz

4.2.1 Banc expérimental

Le montage que nous avons réalisé pour cette étude de modulation d'une porteuse THz est présenté figure 4.5. Deux diodes lasers continues sont utilisées pour effectuer le photomélange. Une première a une longueur d'onde fixée à $\lambda \approx 1,55\,\mu m$ tandis que celle de la seconde est ajustable par pas de 12, 5 MHz. Un polariseur est placé à la sortie de chaque laser pour obtenir une polarisation identique pour chacun des faisceaux optiques. Les deux faisceaux optiques sont couplés dans une seule fibre optique à l'aide d'un coupleur à maintien de polarisation 50/50. Afin de contrôler en temps réel les longueurs d'ondes et les puissances de chacun des lasers, 1% du signal optique est prélevé afin d'être dirigé vers un analyseur de spectre optique. Les 99% restants sont modulés en amplitude par un modulateur Mach-Zehnder [3] à des fréquences GHz. Le signal optique modulé est ensuite amplifié par un amplificateur à fibre dopée Erbium à maintien de polarisation dont la puissance maximun de sortie est 100 mW. Les deux faisceaux optiques amplifiés sont focalisés sur le mesa d'$In_{0,53}Ga_{0,47}As$ irradié par des ions d'un photomélangeur interdigité (fig. 4.3) à l'aide d'une fibre lentillée. Des boucles de Lefevbre permettent de contrôler la polarisation incidente sur le photomélangeur. La composante alternative du courant générée par le photoconducteur alimente l'antenne spirale du photomélangeur. Le couplage de l'onde THz générée par le photomélangeur vers l'espace libre se fait à l'aide d'une lentille de silicium. L'ensemble du système fonctionne à température ambiante. Le rayonnement THz est ensuite collimaté par un miroir parabolique et est injecté à l'aide d'un deuxième miroir parabolique dans un spectromètre à transformée de Fourier (Fourier transform infrared spectrometer - FTIR). Une plaque de poly-tetra-fluoro-ethylene est placée à l'entrée du FTIR pour bloquer le passage du faisceau optique à 1,55 μm. Cette plaque permet également de faire fonctionner le spectromètre FTIR sous vide afin d'éliminer l'absorption due à l'humidité de l'air ambiant. A la sortie du FTIR, l'interférogramme est détecté à

---

3. Un modulateur Mach-Zehnder est un modulateur optique en amplitude. La lumière est couplée à l'entrée dans deux guides par un embranchement en Y. Les deux faisceaux se recombinent ensuite dans un deuxième embranchement en Y avant la sortie. L'un des deux bras posséde sur son chemin un cristal électro-optique (typiquement un cristal de $LiNbO_3$) dont l'indice de réfraction est modifié par l'application d'une tension, entraînant ainsi un déphasage entre les deux faisceaux. Suivant leur différence de marche (phase relative), les deux faisceaux interfèrent de manière constructive (toute la puissance optique est disponible en sortie), ou destructive (aucune lumière n'est injectée dans le guide de sortie). Entre ces deux extrêmes, tous les états intermédiaires sont possibles et la modulation de la lumière reproduit celle de la tension appliquée.

Chapitre 4. Transposition d'une modulation GHz sur une porteuse THz

l'aide d'un bolomètre refroidi à l'hélium liquide. La partie détectrice du bolomètre est en silicium et mesure 3 mm de diamètre. Le bolomètre a été calibré à 0,66 THz à l'aide d'une diode Gunn suivie d'un multiplicateur de fréquence. La sensibilité du bolomètre en tenant compte de l'amplificateur intégré est estimée à $4,6 \times 10^5$ V/W. Notons que dans ce montage, les fibres optiques utilisées ne sont pas à maintien de polarisation. C'est pourquoi pour chaque fréquence mesurée, une optimisation est réalisée à l'aide des boucles de Lefevbre afin que la polarisation des faisceaux optiques soit parallèle aux doigts du peigne interdigité du photomélangeur.

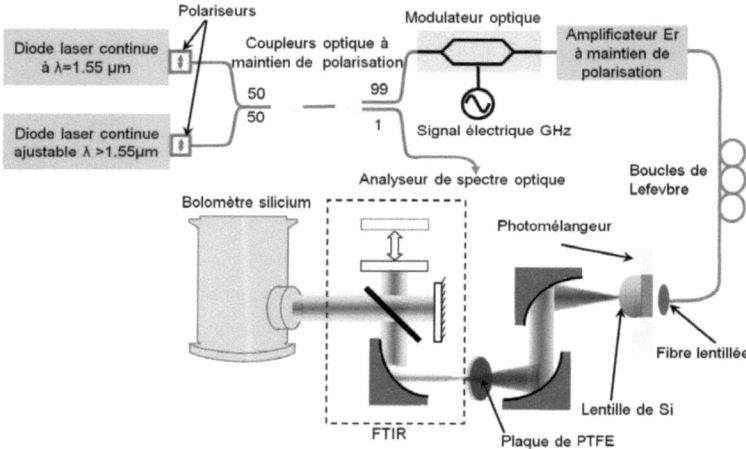

FIGURE 4.5: Schéma du banc expérimental de la modulation GHz transposée sur une porteuse THz. Le mélange des faisceaux lasers se fait grâce aux coupleurs 50/50 et une partie du signal (1%) est prélevée afin de contrôler les longueurs d'ondes des lasers avec un analyseur de spectre optique. Le faisceau THz généré par le photomélangeur en $In_{0,47}Ga_{0,53}As$ irradié par des ions est injecté dans un FTIR puis détecté par un bolomètre afin de mesurer le spectre du signal émis. Pour permettre la mesure à l'aide d'une détection synchrone, la tension d'alimentation du photomélangeur est modulée.

4.2.2 Résultats expérimentaux

Une première série de mesures a été effectuée sans modulation. En modifiant la longueur d'onde d'une des deux diodes lasers, nous avons balayé continument la fréquence de la porteuse THz. La figure 4.6 montre les spectres normalisés du rayonnement THz délivrés par le photomélangeur lorsqu'il est éclairé

4.2. Réalisation d'une modulation GHz sur une porteuse THz

par les deux lasers aux longueurs d'ondes télécoms. La position spectrale des raies d'émission THz est en parfait accord avec la différence de longueur d'onde imposée aux diodes lasers et déterminée à l'aide de l'analyseur optique pour chaque mesure. Une étude sur la stabilité en fréquence et la largeur de la raie obtenue par les battement des deux lasers a été réalisée. Pour cela, nous avons fixé le battement à une différence de fréquence de 5 GHz. Ce battement est envoyé sur une photodiode de bande passante 6 GHz connectée à un analyseur de spectre. Le pic de battement est centré autour de 5 GHz avec une largeur spectrale inférieure à 10 MHz. Néanmoins, le pic de battement varie sur 10 MHz avec une constante de temps de 50 ms. Cette variation montre la limite de la stabilité en fréquence des sources optiques utilisées.

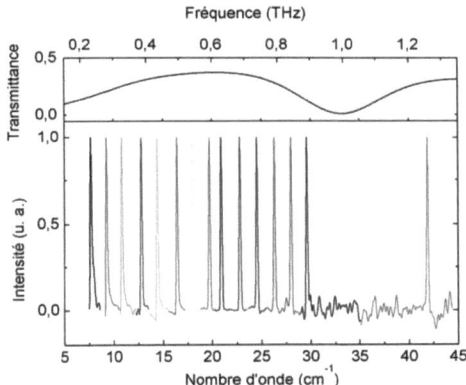

FIGURE 4.6: Spectres normalisés mesurés au FTIR des ondes THz émises par le photomélangeur éclairé par les lasers continus. L'espacement observé entre 0,9 et 1,2 THz est causé par la chute de la transparence du séparateur de faisceau utilisé dans le FTIR (sa transmission est rapportée en insert).

Lorsque l'on applique une modulation Ω de 12,2 GHz aux signaux optiques à l'aide du modulateur Mach-Zehnder, le spectre du rayonnement délivré par le photomélangeur est modifié. Les spectres mesurés pour différents décalages de longueur d'onde entre les deux lasers, autrement dit pour différentes fréquences de la porteuse, sont rapportés figure 4.7. On observe sur cette figure que l'utilisation du modulateur fait apparaître des raies latérales autour de la raie de la fréquence porteuse ω_{THZ}. Les deux raies latérales se situent à la fréquence $\omega = \omega_{THz} + \Omega$ et à la fréquence $\omega = \omega_{THz} - \Omega$ et ce, pour chaque fréquence de la porteuse. Sur cette même figure est rapporté en trait pointillé les spectres

Chapitre 4. Transposition d'une modulation GHz sur une porteuse THz

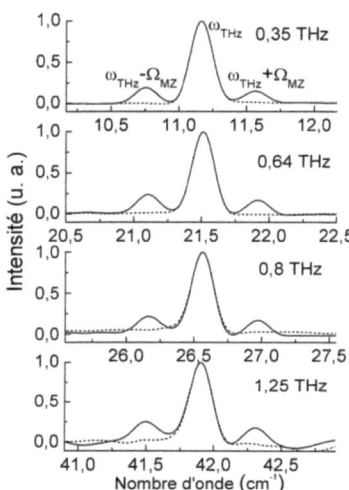

FIGURE 4.7: Spectres normalisés du rayonnementt délivré par le photomélangeur lorsqu'il est éclairé par les deux lasers modulés en amplitude. Quelques fréquences de la porteuse sont rapportées ici correspondant à ω_{THz}=0,35 THz, 0,64 THz, 0,8 THz et 1,25 THz. Les courbes en traits plein sont les mesures lorsque les faisceaux optiques sont modulés et les traits en pointillé lorsque la modulation n'est pas appliquée.

obtenus en l'absence de modulation. Dans ce cas, les spectres mesurés montrent seulement un pic à la fréquence de la porteuse ω_{THz} : l'apparition des raies latérales est donc bien une conséquence de la modulation.

Le coefficient d'extinction de la modulation, X, est défini comme étant le rapport entre l'intensité maximale et minimale des lasers modulés. Ce coefficient est fixé à 6 pour l'ensemble des mesures de la figure 4.7. Les hauteurs relatives des raies latérales inférieures et supérieures sont respectivement de 0,19 (avec une variation de 7%) et de 0,16 (avec une variation de 15%) pour toutes les fréquences ω_{THz} testées. Ainsi l'efficacité de transfert est essentiellement constante sur la plage 0,35-1,25 THz. Nous interprétons la légère différence de hauteur entre les deux raies latérales comme étant due à la résolution spectrale limitée du FTIR. En effet, la résolution du FTIR est de 0,12 cm^{-1}, ce qui correspond à une résolution fréquentielle de 3,6 GHz, valeur significativement plus importante que la largeur des raies qui est inférieure à la dizaine de MHz.

4.2. Réalisation d'une modulation GHz sur une porteuse THz

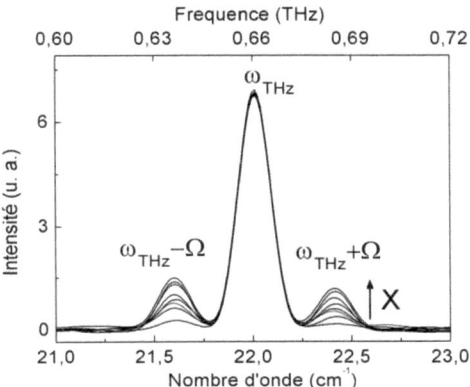

FIGURE 4.8: Spectres obtenus pour différentes valeurs du coefficient d'extinction et pour une différence de fréquence entre les deux longeurs d'ondes des deux lasers de 0,66 THz.

La figure 4.8 représente les spectres de l'émission THz modulée en amplitude émis par le photomélangeur pour différentes valeurs du coefficient d'extinction. La fréquence porteuse est fixée à $\omega_{THz} = 0,66$ THz et X varie de 2 à 10. On observe une augmentation de la puissance des raies latérales lorsque X augmente. La puissance de la fréquence centrale à $\omega_{THz} = 0,66$ THz reste quant à elle inchangée. Dans le but de mieux comprendre la forme spectrale du rayonnement THz généré, nous proposons un modèle analytique simple du champ électrique THz modulé en amplitude en utilisant la théorie du photomélange [8] et en prenant comme hypothèse que le modulateur optique fonctionne dans un régime linéaire. Dans ce cas, le champ électrique THz modulé en amplitude s'exprime de la manière suivante :

$$E_{THz} = \frac{E_0}{2}\left\{\cos\left(\omega_{THz}t\right) + \frac{1}{2}m\left[\cos\left(\omega_{THz}t - \Omega t\right) + \cos\left(\omega_{THz}t + \Omega t\right)\right]\right\} \quad (4.5)$$

où m est le coefficient de modulation défini par $m = \frac{X-1}{X+1}$ et E_0 est l'amplitude du pic de champ électrique THz généré par le photomélangeur en l'absence de modulation.

En calculant la transformée de Fourier, nous pouvons exprimer les puissances relatives des raies latérales P_{RL} par rapport à celle de la porteuse P_P :

$$\frac{P_{RL}}{P_P} = \frac{1}{4}m^2 = \frac{1}{4}\left(\frac{X-1}{X+1}\right)^2 \quad (4.6)$$

Chapitre 4. Transposition d'une modulation GHz sur une porteuse THz

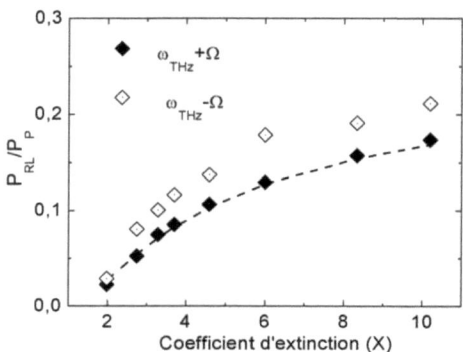

FIGURE 4.9: Puissance des raies latérales normalisée par la puissance de la porteuse en fonction du coefficient d'extinction X. Les losanges pleins et vides représentent respectivement l'amplitude des pics aux fréquences $\omega_{THz} + \Omega$ et $\omega_{THz} - \Omega$. La ligne en pointillé indique la loi théorique.

Les évolutions du rapport P_{RL}/P_P en fonction de X déduites des expériences et du calcul sont représentées sur la figure 4.9. Notons qu'il n'y a aucun paramètre ajustable dans le modèle. On observe un très bon accord entre l'amplitude prédite et celle mesurée pour le pic à la fréquence $\omega_{THz} + \Omega$. Cependant, le modèle prédit un pic à la fréquence $\omega_{THz} - \Omega$ d'une amplitude plus faible que celle mesurée à cause probablement des effets de résolution du FTIR (les points maximums de la raie principale et de la raie supérieure ne sont pas les points maximums réels) ou à la bande passante du modulateur Mach-Zehnder (toutes les fréquences ne sont pas modulées avec le même coefficient). Néanmoins, ce bon accord entre les données expérimentales et celles issues de notre modèle simple montre que le modèle prend en compte l'essentiel de la physique impliquée dans cette opération de photomélange.

La figure 4.10 présente les raies latérales pour différentes fréquences de modulation micro-ondes allant de 8,1 à 20 GHz. Pour ces mesures, la fréquence de la porteuse est fixée à 0,66 GHz. Les spectres des raies latérales sont représentés en fonction de leur décalage fréquentiel par rapport à la fréquence de la porteuse. Comme l'efficacité de modulation du modulateur Mach-Zehnder X n'est pas constante pour toutes les fréquences de modulation, les spectres sont normalisés par m^2 afin de permettre une comparaison directe des hauteurs relatives des différentes raies. On constate que l'amplitude relative

4.2. Réalisation d'une modulation GHz sur une porteuse THz

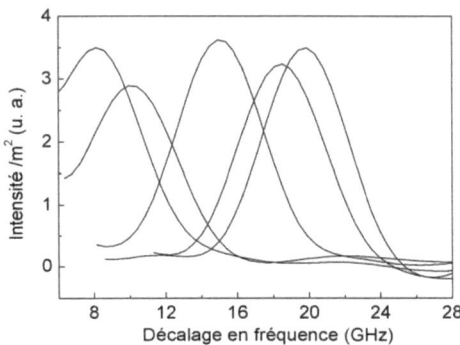

FIGURE 4.10: Raies latérales micro-ondes pour différentes fréquences de modulation allant de 8,1 à 20 GHz. La bande passante à -3 dB du modulateur Mach-Zehnder est 20 GHz. La fréquence la porteuse est fixée à 0,66 GHz. Les spectres des raies latérales sont représentés en fonction de leur décalage fréquentiel par rapport à la fréquence de la porteuse. Leur amplitude est normalisée par le facteur m^2.

de la raie latérale par rapport à la raie centrale ne diminue pas lorsque la fréquence de modulation augmente et ce jusqu'à 20 GHz (les fluctuations observées pouvant être considérées comme des erreurs de mesures).

Nous avons donc démontré ici le transfert d'une modulation micro-onde (12 GHz) d'une porteuse optique vers une porteuse THz avec une efficacité constante dans la plage 0,35-1,25 THz. Ce pincipe est général et peut-être appliqué à tout processus de photomélange, indépendamment du photomélangeur utilisé. Cette démonstration ouvre la porte à des applications directes dans les systèmes de télécommunications sans fil haut débit. En effet, la modulation la plus simple et la plus facile à mettre en place est la modulation d'amplitude. Si l'on applique le système que nous venons de démontrer à une ligne de transmission sans fil, il serait théoriquement possible d'atteindre des débits de l'ordre de la vingtaine de Gbit/s. De plus, il est possible de détecter directement et uniquement la modulation d'amplitude en plaçant en détection un photomélangeur similaire à celui utilisé en émission. L'antenne de réception serait alors conçue pour être capable de détecter des courants très faibles aux fréquences micro-ondes grâce à un design optimisé des électrodes. La modulation gigahertz serait alors détectée en temps réel.

Ajoutons qu'il est également possible de générer simultanément plusieurs fréquences THz à l'aide

Chapitre 4. Transposition d'une modulation GHz sur une porteuse THz

du photomélangeur que nous avons utilisé. Si l'on utilise des lasers multimodes dont la différence de fréquence entre les différents modes se situe dans la gamme THz, il est alors possible d'émettre en même temps plusieurs ondes continues THz. Cette dernière possibilité ouvre des perspectives de multiplexage en longueurs d'ondes.

4.3 Améliorations et optimisations

Les performances des photomélangeurs en $In_{0,53}Ga_{0,47}As$ irradiés par des ions peuvent être optimisées afin d'augmenter la puissance THz émise. Les paramètres impliqués sont l'impédance de l'antenne pour une adaptation optimale et la conversion optique-électrique à travers le rendement quantique.

Le photomélangeur peut être vu comme une source de courant associée une résistance de valeur égale à la résistance de l'antenne. Dans le cas des photomélangeurs que nous avons développés, le matériau photoconducteur d'$In_{0,53}Ga_{0,47}As$ irradié par des ions a une résistivité d'obscurité de quelques ohms par centimètre, ce qui est équivalent à une impédance de $\sim$ 500 kΩ pour les mésas utilisés. Cette valeur est plus faible lorsque le photomélangeur est éclairé mais largement supérieure à 72 Ω, valeur de l'impédance de l'antenne. Il y a donc une forte désadaptation d'impédance dans l'ensemble du photomélangeur. Afin de modifier l'impédance de l'antenne, il est possible de modifier son design. Cependant, toute la difficulté consiste à garder une impédance relativement constante sur une très large gamme de fréquences. Les antennes spirales sont les plus utilisées car elles permettent d'avoir une réponse relativement constante. D'autres designs ont déjà été proposés et testés, on peut citer en autres les antennes à fente, dipôle [28], bowtie [112], spirales carrés [6] ou log-périodique [71]. Citons également les travaux de Peytavit et al. [87] qui visent à avoir une meilleure extraction de l'onde THz à l'aide d'une antenne cornet directement implantée sur le photocommutateur.

Un second axe d'optimisation concerne la dissipation thermique. En effet, comme dans la plupart des sources basées sur un effet photonique, les performances d'un photomélangeur sont limitées par des effets thermiques [116]. Les sources principales d'échauffement thermique sont l'absorption de la puissance optique et l'effet Joule dû au photocourant statique induit par la tension de polarisation. Or, l'échauffement lié à une mauvaise dissipation thermique réduit le seuil de dommage en courant du composant et donc la puissance THz émise d'après l'équation 4.2. Afin de contrer ce poblème, on peut améliorer l'évacuation de la chaleur en augmentant la conductivité thermique du substrat car, en effet, il est estimé que la température de la région active s'étend globalement sur 10 μm en dessous de la surface [116, 46]. L'idée consiste donc à faire un report du matériau photoconducteur sur un substrat

4.3. Améliorations et optimisations

qui présente des conductivités thermiques meilleures tel que le silicium [4] [88]. Nous ne nous attarderons pas sur la solution consistant à refroidir le photomélangeur car cette solution est très encombrante.

Un troisième axe d'amélioration concerne le rendement quantique externe. Le photoconducteur que nous utilisons est du type Métal-Semiconducteur-Métal (MSM) avec une structure d'éctrodes planes : deux électrodes métalliques sont déposées sur un semi-conducteur non-dopé, l'application d'une différence de potentiel entre ces électrodes permet l'établissement d'un champ électrique dans le semi-conducteur. Dans ce type de structures, le champ électrique dans l'échantillon est fort près des électrodes et donc de la surface, mais décroît rapidement en fonction de la profondeur dans le milieu comme il est possible de le voir sur la figure 4.11. Ainsi de nombreux photoporteurs sont générés dans la région où le champ électrique est faible (zone éclairée). Le gain photoconductif total est par conséquent réduit. Si l'on se référe à l'équation 4.2, nous avons vu que la puissance THz générée était proportionnelle au carré du photocourant statique, lui-même proportionnel à la tension appliquée V et à la photoconductance du matériau G_0. Pour une tension de polarisation, une puissance optique incidente et des paramètres géométriques donnés, on ne peut jouer que sur G_0. Or le seul paramètre ajustable pour modifier G_0 est l'efficacité quantique η qui est égale à $\eta = (1-R)(1-e^{-\alpha d})$ où R est le coefficient de réflexion à l'interface air/semiconducteur, α le coefficient d'absorption optique dans le semiconducteur et d l'épaisseur du semiconducteur.

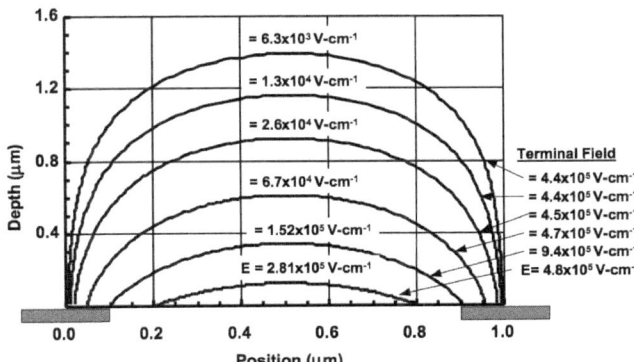

FIGURE 4.11: Lignes de champs électriques qui s'établissent entre les électrodes à l'intérieur d'une couche de GaAs-BT. Figure extraite de la référence [7].

---

4. Le silicium a une conductivité thermique de 1,3 W / (cm.°C) contre 0,05 W / (cm.°C) pour l'InGaAs.

Chapitre 4. Transposition d'une modulation GHz sur une porteuse THz

L'efficacité quantique externe peut être améliorée en restreignant la lumière incidente à la surface supérieure du photoconducteur où le champ électrique est relativement uniforme et important. Il a été proposé de placer un réflecteur de Bragg distribué sous la couche photoconductrice. Dans le même état d'esprit, un cristal photonique 3D peut jouer le même rôle mais n'améliore les performances que pour des fréquences particulières [45]. Une autre solution a été proposée par Peytavit et al. [86] où la génération a été faite à l'aide d'un photomélangeur vertical permettant une distribution uniforme de la tension de polarisation. La zone active est alors prise de part et d'autre par des contacts semi-transparents d'un côté et opaque de l'autre. L'efficacité quantique a alors été améliorée d'un facteur 8.

Une dernière approche possible afin d'augmenter la puissance THz générée est de mettre en phase les différentes contributions spatiales d'un photomélangeur distribué (Travelling wave photomixer) en jouant sur la phase spatiale de l'onde optique bi-fréquence générant le battement. Dans ce cas, on met en oeuvre une structure dans laquelle l'onde THz et l'onde optique peuvent se propager dans la même direction avec la même vitesse de phase, ce qui évite les problèmes capacitifs. A l'extrémité du guide une antenne permet de rayonner en phase l'ensemble des contributions THz générées le long du guide.

4.4 Conclusion

Dans ce chapitre, nous avons réalisé la générération des ondes électromagnétiques THz continues par photomélange. L'éclairement du matériau photoconducteur en $In_{0,53}Ga_{0,47}As$ irradié par des ions est effectué à l'aide de deux lasers télécoms. Nous avons ensuite modulé ce signal à des fréquences GHz avec succès : les spectres détectés par spectroscopie FTIR ont montré l'apparition de raies latérales dues à la modulation, autour de la porteuse THz. Nous avons également montré que l'efficacité de modulation reste constante sur l'ensemble des fréquences de modulation micro-ondes testées. La réalisation du transfert d'une modulation GHz d'une porteuse télécom vers une porteuse THz ouvre la voie à de nombreuses applications dans le domaine des télécoms.

Enfin, nous avons proposé quelques axes d'amélioration des photomélangeurs en $In_{0,53}Ga_{0,47}As$ irradiés par des ions afin d'augmenter la puissance THz émise. Certaines de ces optimisations vont être prochainement réalisées (approche travelling wave couplée à une antenne cornet).

5 Conclusion générale

Les travaux de thèse rapportés dans ce manuscrit concernent l'étude de dispositifs optoélectroniques et de systèmes de métrologie THz excités par des signaux optiques aux longueurs d'ondes telecoms. Ces travaux peuvent se décliner en trois axes principaux.

La première partie concerne l'étude d'un matériau photoconducteur original absorbant à la longueur d'onde télécom. L'objectif étant de réduire le temps de vie des porteurs tout en préservant de bonnes propriétés électriques. La structure de ce matériau repose sur une approche de type super-réseau où l'idée est de séparer les couches de mobilité des porteurs élevée des couches de défauts. Ainsi, il est possible de préserver une mobilité élevée et d'obtenir un temps de vie des électrons à des valeurs picosecondes. Le super-réseau est constitué d'un agencement périodique de couches de mobilité élevée en $In_{0,509}Ga_{0,491}As$ et de couches de défauts en $In_{0,509}Ga_{0,491}As_{1-x}N_x$. L'introduction d'azote dans les couches d'$In_{0,509}Ga_{0,491}As_{1-x}N_x$ permet d'introduire des états localisés plus ou moins profonds dans la bande interdite. Ces états localisés jouent le rôle de pièges pour les porteurs libres. Ainsi, les photoporteurs créés par absorption dans la couche d'$In_{0,509}Ga_{0,491}As$ diffusent vers les couches d'$In_{0,509}Ga_{0,491}As_{1-x}N_x$ dans lesquelles ils sont capturés puis recombinés. Nous avons d'une part étudié l'influence de la concentration en azote dans la couche d'$In_{0,509}Ga_{0,491}As_{1-x}N_x$ sur le temps de vie des électrons. Nous avons d'autre part montré que le temps de diffusion ne représentait pas une limitation pour des périodes du super-réseau comprises entre 2,5 et 10 nm. Grâce à cette structure, nous avons obtenu un temps de vie des électrons dans le matériau d'$In_{0,509}Ga_{0,491}As/In_{0,509}Ga_{0,491}As_{1-x}N_x$ de 2,2 ps. Les mesures par effet Hall ont montré que la mobilité des électrons dans cette structure était peu réduite par rapport à celle d'un matériau intrinsèque.

La seconde partie de ce manuscrit décrit la réalisation et l'optimisation d'un banc de spectroscopie THz dans le domaine temporel utilisant des impulsions optiques femtosecondes aux longueurs d'ondes de 1550 nm. L'émission des impulsions électromagnétiques THz est réalisée avec une antenne photo-

Conclusion générale

conductrice en $In_{0,53}Ga_{0,47}As$ irradié par des ions lourds. La détection est réalisée à l'aide d'un cristal électro-optique de DAST. La forte biréfringence intrinsèque du DAST empêche la mise en oeuvre simple d'une détection électro-optique basée sur la modulation de polarisation. Nous avons donc développé un système de détection original reposant sur une modulation de phase. La détection de cette modulation de phase est réalisée avec un interféromètre de type Mach-Zehnder. Nous avons mesuré une largeur d'impulsion à mi-hauteur de l'impulsion THz de 195 fs. Le spectre calculé à partir de l'impulsion THz détectée montre des composantes fréquentielles jusqu'à 5 THz et une dynamique maximale de 40 dB. Les performances sont à l'état de l'art des systèmes de spectroscopie dans le domaine temporel basés sur des impulsions optiques femtosecondes aux longueurs d'ondes télécoms.

La dernière partie de ces travaux de thèse a consisté à réaliser le transfert d'une modulation gigahertz d'une porteuse optique directement vers une porteuse THz. La génération de l'onde THz continue est réalisée par le photomélange de deux faisceaux optiques aux longueurs d'ondes télécoms. Le photomélangeur est basé sur un matériau photoconducteur en $In_{0,53}Ga_{0,47}As$ irradié par des ions lourds couplé à une antenne spirale. Les spectres correspondants au rayonnement THz détecté montrent une efficacité du transfert de la modulation constante pour des fréquences de modulation micro-ondes comprises entre 8 GHz et 20 GHz. La porteuse THz a pu être générée continument pour des fréquences allant de 0,66 à 1,25 THz. La réalisation de cette ligne de transmission ouvre la voie à des applications dans le domaine des télécommunications.

6 Références bibliographiques

[1] A. Al-Yacoub and L. Bellaiche. Quantum mechanical effects in (Ga,In)(As,N) alloys. *Phys. Rev. B*, 62(16):10847–10851, Oct 2000.

[2] D. H. Auston, K. P. Cheung, and P. R. Smith. Picosecond photoconducting Hertzian dipoles. *Applied Physics Letters*, 45(3):284–286, 1984.

[3] D. H. Auston, A. M. Johnson, P. R. Smith, and J. C. Bean. Picosecond optoelectronic detection, sampling, and correlation measurements in amorphous semiconductors. *Applied Physics Letters*, 37(4):371–373, 1980.

[4] M. Bass, P. A. Franken, J. F. Ward, and G. Weinreich. Optical rectification. *Phys. Rev. Lett.*, 9(11):446–448, Dec 1962.

[5] L. Bellaiche. Band gaps of lattice-matched (Ga,In)(As,N) alloys. *Applied Physics Letters*, 75(17):2578–2580, 1999.

[6] J. E. Bjarnason, T. L. J. Chan, A. W. M. Lee, E. R. Brown, D. C. Driscoll, M. Hanson, A. C. Gossard, and R. E. Muller. ErAs:GaAs photomixer with two-decade tunability and 12 μw peak output power. *Applied Physics Letters*, 85(18):3983–3985, 2004.

[7] E. R. Brown. A photoconductive model for superior GaAs THz photomixers. *Applied Physics Letters*, 75(6):769–771, 1999.

[8] E. R. Brown. THz generation by photomixing in ultrafast photoconductors. *International Journal of High Speed Electronics and Systems*, 13(2):497–545, 2003.

[9] E. R. Brown, D. C. Driscoll, and A. C. Gossard. State of the art in 1.55 μm ultrafast InGaAs photoconductors, and the use of signal processing techniques to extract the photocarrier lifetime. *Semiconductor Science and Technology*, 20(7):S199, 2005.

[10] E. R. Brown, K. A. McIntosh, K. B. Nichols, and C. L. Dennis. Photomixing up to 3.8 THz in low-temperature-grown GaAs. *Applied Physics Letters*, 66(3):285–287, 1995.

Références bibliographiques

[11] E. R. Brown, K. A. McIntosh, F. W. Smith, M. J. Manfra, and C. L. Dennis. Measurements of optical-heterodyne conversion in low-temperature-grown GaAs. *Applied Physics Letters*, 62(11):1206–1208, 1993.

[12] E. R. Brown, F. W. Smith, and K. A. McIntosh. Coherent millimeter-wave generation by heterodyne conversion in low-temperature-grown GaAs photoconductors. *Journal of Applied Physics*, 73(3):1480–1484, 1993.

[13] I. A. Buyanova, W. M. Chen, G. Pozina, J. P. Bergman, B. Monemar, H. P. Xin, and C. W. Tu. Mechanism for low-temperature photoluminescence in GaNAs/GaAs structures grown by molecular-beam epitaxy. *Applied Physics Letters*, 75(4):501–503, 1999.

[14] C. Carmody, H. H. Tan, C. Jagadish, A. Gaarder, and S. Marcinkevičius. Ion-implanted $In_{0.53}Ga_{0.47}As$ for ultrafast optoelectronic applications. *Applied Physics Letters*, 82(22):3913–3915, 2003.

[15] H. T. Chen, W. J. Padilla, J. M. O. Zide, S. R. Bank, A. C. Gossard, A. J. Taylor, and R. D. Averitt. Ultrafast optical switching of terahertz metamaterials fabricated on ErAs/GaAs nanoisland superlattices. *Opt. Lett.*, 32(12):1620–1622, 2007.

[16] W.M. Chen, I.A. Buyanova, and C.W. Tu. Defects in dilute nitrides: significance and experimental signatures. *Optoelectronics, IEE Proceedings -*, 151(5):379 – 384, oct. 2004.

[17] Y. Chen, S. S. Prabhu, S. E. Ralph, and D. T. McInturff. Trapping and recombination dynamics of low-temperature-grown InGaAs/InAlAs multiple quantum wells. *Applied Physics Letters*, 72(4):439–441, 1998.

[18] S. Cherry. Edholm's law of bandwidth. *IEEE Spectr.*, 41:50, 2004.

[19] N. Chimot. *Génération et détection de rayonnement aux fréquences térahertz à partir d'antennes photo-conductrices en InGaAs sur InP*. PhD thesis, Université Paris XI Orsay, Jul 2006.

[20] N. Chimot, J. Mangeney, L. Joulaud, P. Crozat, H. Bernas, K. Blary, and J. F. Lampin. Terahertz radiation from heavy-ion-irradiated $In_{0.53}Ga_{0.47}As$ photoconductive antenna excited at 1.55 µm. *Applied Physics Letters*, 87(19):193510, 2005.

[21] J. L. Coutaz, R. Boquet, N. Breuil, L. Chusseau, P. Crozat, J. Demaison, L. Duvillaret, G. Gallot, F. Garet, J. F. Lampin, D. Lippens, J. Mangeney, P. Mounaix, G. Mouret, and J. F. Roux. *Optoélectronique térahertz*. Les Ulis, 2008.

[22] R. Czarny. *Etude et réalisation d'une source térahertz accordable de grande pureté spectrale*. PhD thesis, Université des Sciences et Technologies de Lille, Lille 1, 2007.

[23] J. C. Delagnes, P. Mounaix, H. Němec, L. Fekete, F. Kadlec, P. Kuzel, M. Martin, and J. Mangeney. High photocarrier mobility in ultrafast ion-irradiated $In_{0.53}Ga_{0.47}As$ for terahertz applications. *Journal of Physics D: Applied Physics*, 42(19):195103, 2009.

[24] D. C. Driscoll, M. Hanson, C. Kadow, and A. C. Gossard. Electronic structure and conduction in a metal-semiconductor digital composite: ErAs:InGaAs. *Applied Physics Letters*, 78(12):1703–1705, 2001.

[25] D. C. Driscoll, M. P. Hanson, and A. C. Gossard. Carrier compensation in semiconductors with buried metallic nanoparticles. *Journal of Applied Physics*, 97(1):016102, 2005.

[26] D. C. Driscoll, M. P. Hanson, A. C. Gossard, and E. R. Brown. Ultrafast photoresponse at 1.55 μm in InGaAs with embedded semimetallic ErAs nanoparticles. *Applied Physics Letters*, 86(5):051908, 2005.

[27] G. Ducournau, P. Szriftgiser, D. Bacquet, A. Beck, T. Akalin, E. Peytavit, M. Zaknoune, and J.F. Lampin. Optically power supplied Gbit/s wireless hotspot using 1.55 μm THz photomixer and heterodyne detection at 200 GHz. *Electronics Letters*, 46(19):1349–1351, 2010.

[28] S. M. Duffy, S. Verghese, A. McIntosh, A. Jackson, A.C. Gossard, and S. Matsuura. Accurate modeling of dual dipole and slot elements used with photomixers for coherent terahertz output power. *Microwave Theory and Techniques, IEEE Transactions on*, 49(6):1032–1038, jun. 2001.

[29] J. Dyson. The equiangular spiral antenna. *Antennas and Propagation, IRE Transactions on*, 7(2):181–187, apr. 1959.

[30] H. Erlig, S. Wang, T. Azfar, A. Udupa, H.R. Fetterman, and D.C. Streit. LT-GaAs detector with 451 fs response at 1.55 μm via two-photon absorption. *Electronics Letters*, 35(2):173–174, 1999.

[31] S.-W. Feng, Y.-C. Cheng, Y.-Y. Chung, C. C. Yang, Y.-S. Lin, C. H., K.-J. Ma, and J.-I. Chyi. Impact of localized states on the recombination dynamics in InGaN/GaN quantum well structures. *Journal of Applied Physics*, 92(8):4441–4448, 2002.

[32] G. Ghibaudo and G. Kamarinos. Analyse des propriétés de transport électrique dans le silicium sur isolant - utilisation du pouvoir thermoélectrique. *Rev. Phys. Appl. (Paris)*, 17(3):133–143, 1982.

[33] W. Geis, R. Sinta, W. Mowers, S. J. Deneault, M. F. Marchant, K. E. Krohn, S. J. Spector, D. R. Calawa, and T. M. Lyszczarz. Fabrication of crystalline organic waveguides with an exceptionally large electro-optic coefficient. *Applied Physics Letters*, 84(19):3729–3731, 2004.

Références bibliographiques

[34] I. S. Gregory, C. Baker, W. R. Tribe, M. J. Evans, H. E. Beere, E. H. Linfield, A. G. Davies, and M. Missous. High resistivity annealed low-temperature GaAs with 100 fs lifetimes. *Applied Physics Letters*, 83(20):4199–4201, 2003.

[35] M. Griebel, J. H. Smet, D. C. Driscoll, C. Daniel, J. Kuhl, C. A. Diez, N. Freytag, C. Kadow, A. C. Gossard, and K. von Klitzing. Tunable subpicosecond optoelectronic transduction in superlattices of self-assembled ErAs nanoislands. *Nature Materials*, 2(2):122–126, 2003.

[36] D. Grischkowsky, S. Keiding, M. van Exter, and Ch. Fattinger. Far-infrared time-domain spectroscopy with terahertz beams of dielectrics and semiconductors. *J. Opt. Soc. Am. B*, 7(10):2006–2015, 1990.

[37] S. M. Gulwadi, M. V. Rao, A. K. Berry, D. S. Simons, P. H. Chi, and H. B. Dietrich. Transition metal implants in $In_{0.53}Ga_{0.47}As$. *Journal of Applied Physics*, 69(8):4222–4227, 1991.

[38] S. Gupta, J. F. Whitaker, and G. A. Mourou. Ultrafast carrier dynamics in III-V semiconductors grown by molecular-beam epitaxy at very low substrate temperatures. *Quantum Electronics, IEEE Journal of*, 28(10):2464–2472, Oct 1992.

[39] P. Y. Han, M. Tani, F. Pan, and X.-C. Zhang. Use of the organic crystal DAST for terahertz beam applications. *Opt. Lett.*, 25(9):675–677, 2000.

[40] P. Y. Han, M. Tani, M. Usami, S. Kono, R. Kersting, and X.-C. Zhang. A direct comparison between terahertz time-domain spectroscopy and far-infrared fourier transform spectroscopy. *Journal of Applied Physics*, 89(4):2357–2359, 2001.

[41] Michael Hercher. An analysis of saturable absorbers. *Appl. Opt.*, 6(5):947–947, 1967.

[42] A. Hirata, T. Kosugi, H. Takahashi, R. Yamaguchi, F. Nakajima, T. Furuta, H. Ito, H. Sugahara, Y. Sato, and T. Nagatsuma. 120-GHz-band millimeter-wave photonic wireless link for 10-Gb/s data transmission. *Microwave Theory and Techniques, IEEE Transactions on*, 54(5):1937 – 1944, may 2006.

[43] A. Hirata, H. Takahashi, R. Yamaguchi, T. Kosugi, K. Murata, T. Nagatsuma, N. Kukutsu, and Y. Kado. Transmission characteristics of 120-GHz-band wireless link using radio-on-fiber technologies. *Lightwave Technology, Journal of*, 26(15):2338 –2344, aug. 2008.

[44] A. Hirata, R. Yamaguchi, T. Kosugi, H. Takahashi, K. Murata, T. Nagatsuma, N. Kukutsu, Y. Kado, N. Iai, S. Okabe, S. Kimura, H. Ikegawa, H. Nishikawa, T. Nakayama, and T. Inada. 10-Gbit/s wireless link using inp HEMT MMICs for generating 120-GHz-band millimeter-wave signal. *Microwave Theory and Techniques, IEEE Transactions on*, 57(5):1102 –1109, may. 2009.

[45] M. Iida, M. Tani, P. Gu, K. Sakai, M. Watanabe, H. Kitahara, S. Kato, M. Suenaga, H. Kondo, and M. W. Takeda. Terahertz-photomixing efficiency of a photoconductive antenna embedded in a three-dimensional photonic crystal. *Japanese Journal of Applied Physics*, 42(Part 2, No. 12A):L1442–L1445, 2003.

[46] A. Jackson. *Low-Temperature-Grown GaAs photomixers designed for increased THz ouput power*. PhD thesis, Univ. California at Santa Barbara, 1999.

[47] Y. Jeon and H. S. Kang. Electro-optic coefficient measurements for $Zn_xCd_{1-x}Te$ single crystals at 1550 nm wavelength. *Optical Review*, 14:373–375, 2007.

[48] L. Joulaud. *Echantillonage électro-optique à 1.55 μm pour la mesure de circuits rapides sur InP*. PhD thesis, Université Paris XI Orsay, 2004.

[49] L. Joulaud, J. Mangeney, J.-M. Lourtioz, P. Crozat, and G. Patriarche. Thermal stability of ion-irradiated InGaAs with (sub-) picosecond carrier lifetime. *Applied Physics Letters*, 82(6):856–858, 2003.

[50] C. Kadow, S. B. Fleischer, J. P. Ibbetson, J. E. Bowers, A. C. Gossard, J. W. Dong, and C. J. Palmstrøm. Self-assembled ErAs islands in GaAs: Growth and subpicosecond carrier dynamics. *Applied Physics Letters*, 75(22):3548–3550, 1999.

[51] C. Kadow, A. W. Jackson, A. C. Gossard, S. Matsuura, and G. A. Blake. Self-assembled ErAs islands in GaAs for optical-heterodyne thz generation. *Applied Physics Letters*, 76(24):3510–3512, 2000.

[52] P. R. C. Kent and A. Zunger. Evolution of III-V nitride alloy electronic structure: The localized to delocalized transition. *Phys. Rev. Lett.*, 86(12):2613–2616, Mar 2001.

[53] P. J. Klar, H. Grüning, J. Koch, S. Schäfer, K. Volz, W. Stolz, W. Heimbrodt, A. M. Kamal Saadi, A. Lindsay, and E. P. O'Reilly. (Ga, In)(N, As)-fine structure of the band gap due to nearest-neighbor configurations of the isovalent nitrogen. *Phys. Rev. B*, 64(12):121203, 2001.

[54] D. O. Klenov, J. M. O. Zide, J. M. LeBeau, A. C. Gossard, and S. Stemmer. Ordering of ErAs nanoparticles embedded in epitaxial InGaAs layers. *Applied Physics Letters*, 90(12):121917, 2007.

[55] M. Koch. *Terahertz frequency detection and identification of materials and objects*, chapter Teratherz Communications: A 2020 vision. Springer Science and Business Media, 2007.

[56] S. Kono, M. Tani, and K. Sakai. Coherent detection of mid-infrared radiation up to 60 THz with an LT-GaAs photoconductive antenna. *Optoelectronics, IEE Proceedings -*, 149(3):105 – 109, jun. 2002.

Références bibliographiques

[57] P. Krispin, V. Gambin, J. S. Harris, and K. H. Ploog. Ga(As,N) layers in the dilute N limit studied by depth-resolved capacitance spectroscopy. *Applied Physics Letters*, 81(21):3987–3989, 2002.

[58] A. Krotkus and J.-L. Coutaz. Non-stoichiometric semiconductor materials for terahertz optoelectronics applications. *Semiconductor Science and Technology*, 20(7):S142, 2005.

[59] P. T. Landsberg. *Recombination in Semiconductors*. Cambridge University Press, Cambridge, U. K., 1991.

[60] P. Langot. *Etude femtoseconde de la thermalisation des porteurs libres dans l'arséniure de gallium*. PhD thesis, Ecole Polytechnique, 1996.

[61] M. Le Dû. *Absorbants saturables sur GaAs pour fonctions optiques rapides à 1,55 μm*. PhD thesis, Université Paris XI Orsay, 2006.

[62] M. Le Dû, J.-C. Harmand, O. Mauguin, L. Largeau, L. Travers, and J.-L. Oudar. Quantum-well saturable absorber at 1.55 μm on GaAs substrate with a fast recombination rate. *Applied Physics Letters*, 88(20):201110, 2006.

[63] M. Le Dû, J.-C. Harmand, K. Meunier, G. Patriarche, and J.-L. Oudar. Growth of GaN_xAs_{1-x} atomic monolayers and their insertion in the vicinity of GaInAs quantum wells. *Optoelectronics, IEE Proceedings -*, 151(5):254 – 258, oct. 2004.

[64] L. H. Li, V. Sallet, G. Patriarche, L. Largeau, L. Travers, and J. C. Harmand. Effects of GaNAsSb intermediate barriers on GaInNAsSb quantum well grown by molecular beam epitaxy. *Journal of Crystal Growth*, 263(1-4):58 – 62, 2004.

[65] J. Mangeney, N. Chimot, L. Meignien, N. Zerounian, P. Crozat, K. Blary, J. F. Lampin, and P. Mounaix. Emission characteristics of ion-irradiated $In_{0.53}Ga_{0.47}As$ based photoconductive antennas excited at 1.55 μm. *Opt. Express*, 15(14):8943–8950, 2007.

[66] J. Mangeney, A. Merigault, N. Zerounian, P. Crozat, K. Blary, and J. F. Lampin. Continuous wave terahertz generation up to 2 THz by photomixing on ion-irradiated $In_{0.53}Ga_{0.47}As$ at 1.55 μm wavelengths. *Applied Physics Letters*, 91(24):241102, 2007.

[67] J.-B. Masson and G. Gallot. Terahertz achromatic quarter-wave plate. *Opt. Lett.*, 31(2):265–267, 2006.

[68] S. Matsuura, M. Tani, and K. Sakai. Generation of coherent terahertz radiation by photomixing in dipole photoconductive antennas. *Applied Physics Letters*, 70(5):559–561, 1997.

[69] I. Cámara Mayorga, E. A. Michael, A. Schmitz, P. van der Wal, R. Güsten, K. Maier, and A. Dewald. Terahertz photomixing in high energy oxygen- and nitrogen-ion-implanted GaAs. *Applied Physics Letters*, 91(3):031107, 2007.

[70] C. V. McLaughlin, L. M. Hayden, B. Polishak, S. Huang, J. Luo, T.-D. Kim, and A. K.-Y. Jen. Wideband 15 THz response using organic electro-optic polymer emitter-sensor pairs at telecommunication wavelengths. *Applied Physics Letters*, 92(15):151107, 2008.

[71] R. Mendis, C. Sydlo, J. Sigmund, M. Feiginov, P. Meissner, and H. L. Hartnagel. Tunable CW-THz system with a log-periodic photoconductive emitter. *Solid-State Electronics*, 48(10-11):2041 – 2045, 2004. International Semiconductor Device Research Symposium 2003.

[72] R. A. Metzger, A. S. Brown, L. G. McCray, and J. A. Henige. Structural and electrical-properties of low temperature GaInAs. *J. Vac. Technol. B*, 11(3):798–801, 1993.

[73] E. A. Michael, B. Vowinkel, R. Schieder, M. Mikulics, M. Marso, and P. Kordoš. Large-area traveling-wave photonic mixers for increased continuous terahertz power. *Applied Physics Letters*, 86(11):111120, 2005.

[74] H. Minamide, T. Notake, M. Tang, Y. Wang, and H. Ito. THz generation using 800 to 1550 nm excitation of photoconductors. In *Infrared, Millimeter, and Terahertz Waves, 2010. IRMMW-THz 2010. 35th International Conference on*, 2010.

[75] K. Miura, Y. Nagai, Y. Iguchi, H. Okada, and Y. Kawamura. Improvement of crystal quality of thick InGaAsN layers grown on InP substrates by adding antimony. *Journal of Crystal Growth*, 301-302:575 – 578, 2007. 14th International Conference on Molecular Beam Epitaxy - MBE XIV.

[76] M. Nagai, K. Tanaka, H. Ohtake, T. Bessho, T. Sugiura, T. Hirosumi, and M. Yoshida. Generation and detection of terahertz radiation by electro-optical process in GaAs using 1.56 μm fiber laser pulses. *Applied Physics Letters*, 85(18):3974–3976, 2004.

[77] T. Nagatsuma, A. Kaino, S. Hisatake, K. Ajito, H.-J. Song, A. Wakatsuki, Y. Muramoto, N. Kukutsu, and Y. Kado. Continuous-wave terahertz sepectroscopy system based on photodiodes. In *PIERS Online*, volume 6, page 390, 2010.

[78] T. Nagatsuma, H.-J. Song, Y. Fujimoto, K. Miyake, A. Hirata, K. Ajito, A. Wakatsuki, T. Furuta, N. Kukutsu, and Y. Kado. Gigabit wireless link using 300-400 GHz bands. pages 1 –4, oct. 2009.

[79] T. Nagatsuma, H.-J. Song, and Y. Kado. Challenges for ultrahigh-speed wireless communications using terahertz waves. *Terahertz Science and Technology*, 3(2):55–56, June 2010.

Références bibliographiques

[80] E. J. Nichols and J. D. Tear. Joining the infrared and electric wave spectra. *Astrophysical Journal*, 61:17–37, 1925.

[81] H. Němec, L. Fekete, F. Kadlec, P. Kužel, M. Martin, J. Mangeney, J. C. Delagnes, and P. Mounaix. Ultrafast carrier dynamics in Br^+ -bombarded InP studied by time-resolved terahertz spectroscopy. *Phys. Rev. B*, 78(23):235206, Dec 2008.

[82] J. F. O'Hara, J. M. O. Zide, A. C. Gossard, A. J. Taylor, and R. D. Averitt. Enhanced terahertz detection via ErAs:GaAs nanoisland superlattices. *Applied Physics Letters*, 88(25):251119, 2006.

[83] F. Ospald, D. Maryenko, K. von Klitzing, D. C. Driscoll, M. P. Hanson, H. Lu, A. C. Gossard, and J. H. Smet. 1.55 μm ultrafast photoconductive switches based on ErAs:InGaAs. *Applied Physics Letters*, 92(13):131117, 2008.

[84] F. Pan, G. Knöpfle, C. Bosshard, S. Follonier, R. Spreiter, M. S. Wong, and P. Günter. Electro-optic properties of the organic salt 4-N,N-dimethylamino-4'-N'-methyl-stilbazolium tosylate. *Applied Physics Letters*, 69(1):13–15, 1996.

[85] F. Peter, S. Winnerl, S. Nitsche, A. Dreyhaupt, H. Schneider, and M. Helm. Coherent terahertz detection with a large-area photoconductive antenna. *Applied Physics Letters*, 91(8):081109, 2007.

[86] E. Peytavit, S. Arscott, D. Lippens, G. Mouret, S. Matton, P. Masselin, R. Bocquet, J. F. Lampin, L. Desplanque, and F. Mollot. Terahertz frequency difference from vertically integrated low-temperature-grown GaAs photodetector. *Applied Physics Letters*, 81(7):1174–1176, 2002.

[87] E. Peytavit, J.-F. Lampin, T. Akalin, and L. Desplanque. Integrated terahertz TEM horn antenna. *Electronics Letters*, 43(2):73 –75, jan. 2007.

[88] E. Peytavit, J-F. Lampin, F. Hindle, C. Yang, and G. Mouret. Wide-band continuous-wave terahertz source with a vertically integrated photomixer. *Applied Physics Letters*, 95(16):161102, 2009.

[89] M.-A. Pinault and E. Tournié. On the origin of carrier localization in $Ga_{1-x}In_xN_yAs_{1-y}$/GaAs quantum wells. *Applied Physics Letters*, 78(11):1562–1564, 2001.

[90] F. Pockels. *Lehrbuch der kristalloptic*. Leipzig, Teubner, 1906.

[91] R. P. Prasankumar, A. Scopatz, D. J. Hilton, A. J. Taylor, R. D. Averitt, J. M. Zide, and A. C. Gossard. Carrier dynamics in self-assembled ErAs nanoislands embedded in GaAs measured by optical-pump terahertz-probe spectroscopy. *Applied Physics Letters*, 86(20):201107, 2005.

[92] H. Roehle, R. J. B. Dietz, H. J. Hensel, J. Böttcher, H. Künzel, D. Stanze, M. Schell, and B. Sartorius. Next generation 1.5 μm terahertz antennas: mesa-structuring of InGaAs/InAlAs photoconductive layers. *Opt. Express*, 18(3):2296–2301, 2010.

[93] A. A. Rezazadeh S. C. Subramaniam. 1st european microwave integrated circuits conference. In *European Microwave Integrated Circuits Conference, 2006. The 1st*, pages p.17–19, 10-13 2006.

[94] B. Sartorius, H. Roehle, H. Künzel, J. Böttcher, M. Schlak, D. Stanze, H. Venghaus, and M. Schell. All-fiber terahertz time-domain spectrometer operating at 1.5 μm telecom wavelengths. *Opt. Express*, 16(13):9565–9570, 2008.

[95] B. Sartorius, M. Schlak, D. Stanze, H. Roehle, H. Künzel, D. Schmidt, H.-G. Bach, R. Kunkel, and M. Schell. Continuous wave terahertz systems exploiting 1.5 μm telecom technologies. *Opt. Express*, 17(17):15001–15007, 2009.

[96] A. Schneider, I. Biaggio, and P. Günter. Terahertz-induced lensing and its use for the detection of terahertz pulses in a birefringent crystal. *Applied Physics Letters*, 84(13):2229–2231, 2004.

[97] A. Schneider, M. Neis, M. Stillhart, B. R., R. U. A. Khan, and P. Günter. Generation of terahertz pulses through optical rectification in organic DAST crystals: theory and experiment. *J. Opt. Soc. Am. B*, 23(9):1822–1835, 2006.

[98] A. Schneider, M. Stillhart, and P. Günter. High efficiency generation and detection of terahertz pulses using laser pulses at telecommunication wavelengths. *Opt. Express*, 14(12):5376–5384, 2006.

[99] A. Schwagmann, Z.-Y. Zhao, F. Ospald, H. Lu, D. C. Driscoll, M. P. Hanson, A. C. Gossard, and J. H. Smet. Terahertz emission characteristics of ErAs:InGaAs-based photoconductive antennas excited at 1.55 μm. *Applied Physics Letters*, 96(14):141108, 2010.

[100] Y. C. Shen, P. C. Upadhya, E. H. Linfield, H. E. Beere, and A. G. Davies. Ultrabroadband terahertz radiation from low-temperature-grown GaAs photoconductive emitters. *Applied Physics Letters*, 83(15):3117–3119, 2003.

[101] P. H. Siegel. Terahertz technology. *Microwave Theory and Techniques, IEEE Transactions on*, 50(3):910 –928, mar 2002.

[102] S. W. Smye, J. M. Chamberlain, A. J. Fitzgerald, and E. Berry. The interaction between Terahertz radiation and biological tissue. *Physics in Medicine and Biology*, 46(9):R101, 2001.

Références bibliographiques

[103] H.-J. Song, K. Ajito, A. Hirata, A. Wakatsuki, Y. Muramoto, T. Furuta, N. Kukutsu, T. Nagatsuma, and Y. Kado. 8 Gbit/s wireless data transmission at 250 GHz. *Electronics Letters*, 45(22):1121–1122, oct. 2009.

[104] J. Y. Suen, W. Li, Z. D. Taylor, and E. R. Brown. Characterization and modeling of a terahertz photoconductive switch. *Applied Physics Letters*, 96(14):141103, 2010.

[105] M. Sukhotin, E. R. Brown, A. C. Gossard, D. Driscoll, M. Hanson, P. Maker, and R. Muller. Photomixing and photoconductor measurements on ErAs/InGaAs at 1.55 μm. *Applied Physics Letters*, 82(18):3116–3118, 2003.

[106] M. Suzuki and M. Tonouchi. Fe-implanted InGaAs photoconductive terahertz detectors triggered by 1.56 μm femtosecond optical pulses. *Applied Physics Letters*, 86(16):163504, 2005.

[107] M. Suzuki and M. Tonouchi. Fe-implanted InGaAs terahertz emitters for 1.56 μm wavelength excitation. *Applied Physics Letters*, 86(5):051104, 2005.

[108] R. Takahashi, Y. Kawamura, T. Kagawa, and H. Iwamura. Ultrafast 1.55 μm photoresponses in low-temperature-grown InGaAs/InAlAs quantum wells. *Applied Physics Letters*, 65(14):1790–1792, 1994.

[109] A. Takazato, M. Kamakura, T. Matsui, J. Kitagawa, and Y. Kadoya. Detection of terahertz waves using low-temperature-grown InGaAs with 1.56 μm pulse excitation. *Applied Physics Letters*, 90(10):101119, 2007.

[110] A. Takazato, M. Kamakura, T. Matsui, J. Kitagawa, and Y. Kadoya. Terahertz wave emission and detection using photoconductive antennas made on low-temperature-grown InGaAs with 1.56 μm pulse excitation. *Applied Physics Letters*, 91(1):011102, 2007.

[111] M. Tani, K.-S. Lee, and X.-C. Zhang. Detection of terahertz radiation with low-temperature-grown GaAs-based photoconductive antenna using 1.55 μm probe. *Applied Physics Letters*, 77(9):1396–1398, 2000.

[112] M. Tani, S. Matsuura, K. Sakai, and M. Hangyo. Multiple-frequency generation of sub-terahertz radiation by multimode LD excitation of photoconductive antenna. *Microwave and Guided Wave Letters, IEEE*, 7(9):282–284, sep. 1997.

[113] M. Tani, O. Morikawa, S. Matsuura, and M. Hangyo. Generation of terahertz radiation by photomixing with dual- and multiple-mode lasers. *Semiconductor Science and Technology*, 20(7):S151, 2005.

Références bibliographiques

[114] M. Tonouchi. Cutting-edge terahertz technology. *Nat Photon*, 1(2):97, 2007.

[115] M. van Exter and D.R. Grischkowsky. Characterization of an optoelectronic terahertz beam system. *Microwave Theory and Techniques, IEEE Transactions on*, 38(11):1684–1691, nov 1990.

[116] S. Verghese, K. A. McIntosh, and E. R. Brown. Highly tunable fiber-coupled photomixers with coherent terahertz output power. *Microwave Theory and Techniques, IEEE Transactions on*, 45(8):1301–1309, aug. 1997.

[117] D. Vignaud, J. F. Lampin, E. Lefebvre, M. Zaknoune, and F. Mollot. Electron lifetime of heavily Be-doped $In_{0.53}Ga_{0.47}As$ as a function of growth temperature and doping density. *Applied Physics Letters*, 80(22):4151–4153, 2002.

[118] M. Walther, D. G. Cooke, C. Sherstan, M. Hajar, M. R. Freeman, and F. A. Hegmann. Terahertz conductivity of thin gold films at the metal-insulator percolation transition. *Phys. Rev. B*, 76(12):125408, Sep 2007.

[119] M. Walther, K. Jensby, S. R. Keiding, H. Takahashi, and H. Ito. Far-infrared properties of DAST. *Opt. Lett.*, 25(12):911–913, 2000.

[120] A. C. Warren, J. M. Woodall, J. L. Freeouf, D. Grischkowsky, D. T. McInturff, M. R. Melloch, and N. Otsuka. Arsenic precipitates and the semi-insulating properties of GaAs buffer layers grown by low-temperature molecular beam epitaxy. *Applied Physics Letters*, 57(13):1331–1333, 1990.

[121] C. D. Wood, O. Hatem, J. E. Cunningham, E. H. Linfield, A. G. Davies, P. J. Cannard, M. J. Robertson, and D. G. Moodie. Terahertz emission from metal-organic chemical vapor deposition grown Fe:InGaAs using 830 nm to 1.55 μm excitation. *Applied Physics Letters*, 96(19):194104, 2010.

[122] C. D. Wood, O. Hatem, J.E. Cunningham, E.H. Linfield, A.G. Davies, P.J. Cannard, D.G. Moodie, M. Pate, and M.J. Robertson. THz generation using 800 to 1550 nm excitation of photoconductors. In *Infrared, Millimeter, and Terahertz Waves, 2009. IRMMW-THz 2009. 34th International Conference on*, pages 1–3, 21-25 2009.

[123] X.-C. Zhang, X. F. Ma, Y. Jin, T.-M. Lu, E. P. Boden, P. D. Phelps, K. R. Stewart, and C. P. Yakymyshyn. Terahertz optical rectification from a nonlinear organic crystal. *Applied Physics Letters*, 61(26):3080–3082, 1992.

[124] Z. Zhao, A. Schwagmann, F. Ospald, D. C. Driscoll, H. Lu, A. C. Gossard, and J. H. Smet.

Références bibliographiques

Thickness dependence of the terahertz response in (110)-oriented gaas crystals for electro-optic sampling at 1.55 µm. *Opt. Express*, 18(15):15956–15963, 2010.

Publications

Articles dans des revues internationales avec comité de lecture

1. **M. Martin**, J. Mangeney, P. Crozat, P. Mounaix "Optical phase detection in a 4-N,N-dimethyla mino-4'-N'-methyl-stilbazolium tosylate crystal for terahertz time domain spectroscopy system at 1.55 µm wavelength", *Appl. Phys. Lett.* 97, 111112 (2010)

2. **M. Martin**, J. Mangeney, L. Travers, C. Minot, J.C. Harmand, O. Mauguin, G. Patriarche "Epitaxial growth and picosecond carrier dynamics of GaInAs/GaInAs superlattices", *Appl. Phys. Lett.* 95, 141910 (2009)

3. J. C. Delagnes, P. Mounaix, H. Nemec, L. Fekete, F. Kadlec, P. Kuzel, **M. Martin**, J. Mangeney "High photocarrier mobility in ultrafast ion-irradiated $In_{0.53}Ga_{0.47}As$ for terahertz applications", *J. Phys. D: Appl. Phys.* 42, 195103 (2009)

4. **M. Martin**, J. Mangeney, P. Crozat, Y. Chassagneux, R. Colombelli, N. Zerounian, L. Vivien, K. Blary "Gigahertz modulation of tunable terahertz radiation from photomixers driven at telecom wavelengths", *Appl. Phys. Lett.* 93, 131112 (2008)

5. H. Nemec, L. Fekete, F. Kadlec, P. Kuzel, **M. Martin**, J. Mangeney, J. C. Delagnes, P. Mounaix "Ultrafast carrier dynamics in Br+bombarded InP studied by time-resolved terahertz spectroscopy", *Phys. Rev. B* 78, 235206 (2008)

Communications avec actes

1. **M. Martin**, J. Mangeney, P. Crozat, P. Mounaix "Comparison of GaAs and DAST electro-optic crystal for THz time domain spectroscopy using 1.55 µm fiber laser pulses". SPIE, 2011

2. **M. Martin**, J. Mangeney, P. Crozat, P. Mounaix "THz time domain spectroscopy system using 1.55 µm laser pulses and phase modulation detection in DAST crystal". In Infrared, Millimeter, and Terahertz Waves, 2009. IRMMW-THz 2009. 34th International Conference on, 2010

Publications

3. **M. Martin**, J. Mangeney, L. Travers, C. Minot, J.-C. Harmand, O. Mauguin, and G. Patriarche "Epitaxial growth and picosecond carrier dynamics at 1.55 µm of GaInAs/GaInNAs superlattices". In Infrared, Millimeter, and Terahertz Waves, 2009. IRMMW-THz 2009. 34th International Conference on, 2009

Communications sans actes

1. **M. Martin**, J. Mangeney, P. Crozat, P. Mounaix "Phase modulation detection in DAST crystal for THz time domain spectroscopy system at 1.55 µm wavelength". EOS Annual meeting, 2010

2. **M. Martin**, J. Mangeney, P. Crozat, Y. Chassagneux, R. Colombelli, N. Zerounian, L. Vivien, K. Blary "Gigahertz modulation of tunable terahertz radiation from photomixers driven at telecom wavelengths". 5èmes Journées Térahertz, 2009

3. **M. Martin**, J. Mangeney, P. Crozat, L. Meignein, "Dispositifs optoélectroniques terahertz déclenchés par des impulsions optiques femtosecondes à 1550nm". Ecole des Houches 2009 : impulsions femtosecondes, 2009 (poster)

Brevet

1. J. Mangeney, P. Crozat, L. Meignien, **M. Martin**, J. M. Lourtioz, "Dispositif optoélectronique térahertz et procédé pour générer ou détecter des ondes électromagnétiques térahertz". Dépôt n°FR 0956769 du 29 Septembre 2009. Première phase d'examen.

Oui, je veux morebooks!

i want morebooks!

Buy your books fast and straightforward online - at one of world's fastest growing online book stores! Environmentally sound due to Print-on-Demand technologies.

Buy your books online at
www.get-morebooks.com

Achetez vos livres en ligne, vite et bien, sur l'une des librairies en ligne les plus performantes au monde!
En protégeant nos ressources et notre environnement grâce à l'impression à la demande.

La librairie en ligne pour acheter plus vite
www.morebooks.fr

VDM Verlagsservicegesellschaft mbH
Heinrich-Böcking-Str. 6-8   Telefon: +49 681 3720 174   info@vdm-vsg.de
D - 66121 Saarbrücken   Telefax: +49 681 3720 1749   www.vdm-vsg.de

Printed by Books on Demand GmbH, Norderstedt / Germany